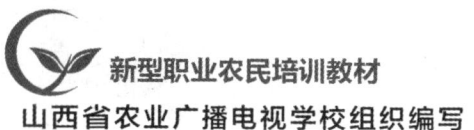

新型职业农民培训教材

山西省农业广播电视学校组织编写

养牛与牛病防治

Yangniu Yu Niubing Fangzhi

杨德成 编著

山西出版传媒集团
山西科学技术出版社

《养牛与牛病防治》编委会

编委会主任：陈明昌

编委会副主任：薛志省　吴丽琴

编　　　委：张　绚　李金霞　武东轶　刘　正
　　　　　　杨德成　王东升　贾晓红　韩利红
　　　　　　张小艳

序

随着我国工业化、城镇化步伐的加快，农村经济社会正在发生深刻的变化，农业劳动力老龄化现象严重，农业后继人才匮乏，成为制约现代农业发展的主要因素。习近平总书记强调指出，解决好将来"谁来种地"的问题，核心是解决好农民问题，要培养更多爱农业、懂技术、善经营的新型职业农民。培育新型职业农民是破解"谁来种地、如何种地"，构建新型农业经营体系，推进农业供给侧结构性改革，加快建设现代农业的一项重大举措。2012年以来，连续6年中央一号文件部署新型职业农民培育工作，确立了农民职业化在发展现代农业中的战略地位，明确要求加快构建新型职业农民队伍。2014年农业部启动了新型职业农民培育试点工作，2017年发布了《"十三五"全国新型职业农民培育发展规划》，提出到2020年全国新型职业农民总量超过2 000万人。

山西省作为全国新型职业农民培育整省推进试点省之一，2014年省政府把培训新型职业农民10万人作为为民办的五件实事之一，纳入目标责任制考核范围，并强力推进。2015年通过了《山西省新型职业农民培育规划纲要（2015—2020年）》，明确提出要以培育生产经营型、专业技能型、社会服务型和引领带动型新型职业农民为主要内容，以教育培训为途径，以认定管理为手段，以政策扶持为动力，以特色产业需要和农民意愿为向导，培育一批有技术、懂经营、会管理、讲诚信的新型职业农民。经过不断努力，新型职业农民培育工作成效显著，新型职业农民队伍初步形成，"谁来种地""如何种地"的问题正逐步得到解决。

山西省农业广播电视学校（山西省农民科技教育培训中心）作为山西省专门从事农民科技教育培训的机构，把新型职业农民培训作为中心任务，充分发挥组织体系基础作用和教育培训独特优势，不断探索培训模式，努力提高培训质量，培训出一批优秀的新型职业农民，为促进山西省特色现代农业发展做出了积极贡献。为进一步加强新型职业农民培训的教材建设，确保新型职业农民培训工作顺利开展，山西省农业广播电视学校结合三十多年的农民教育培训经验，在调查论证、广泛听取各方面意见和建议的基础上，组织农业科研、技术推广和农业教育领域的专家学者编写了这套"新型职业农民培训教材"。教材结合农民的科学文化水平，以转变农业发展方式为纲，以新型农业技术为本，将基础理论、管理知识与生产实践相结合，内容新颖丰富，通俗易懂，既有很强的针对性、可操作性，又有一定的理论性、系统性，是一套新型职业农民培训的好教材，对提升山西省农业科技水平，加快农业供给侧结构性改革将会起到积极的推动作用。

新型职业农民培育任重道远。各级农业部门要深入贯彻习近平总书记系列重要讲话精神，坚持把科教兴农、人才强农、新型职业农民固农作为重要战略，进一步完善培育制度，强化培育体系，提升培育能力，加快构建一支有文化、懂技术、善经营、会管理的新型职业农民队伍，为农业现代化提供坚实的人才基础和保障。

关建勋
2017 年 5 月 23 日

目 录

模块一　牛场建设 ……………………………………………………… 1

1. 如何选择牛场场址？ ……………………………………………… 1
2. 牛场的面积如何确定？场内各个功能区如何划分与布局？ …… 2
3. 按饲养方式不同，奶牛舍可分为哪些类型？ …………………… 3
4. 按牛群类别不同，奶牛舍可分为哪些类型？ …………………… 3
5. 按饲养方式不同，肉牛舍可分为哪些类型？ …………………… 4
6. 牛舍的基本结构有哪些要求？ …………………………………… 5
7. 牛舍内部有哪些设施？各有何要求？ …………………………… 6
8. 如何建造塑料暖棚牛舍？ ………………………………………… 8
9. 如何对牛场废弃物进行无害化处理？ …………………………… 9
10. 牛场的有害气体如何净化？ …………………………………… 10
11. 奶牛场合理的牛群结构是什么？ ……………………………… 12
12. 饲养肉牛可采取哪些形式？ …………………………………… 12
13. 什么是牛产业化经营？产业化经营的意义是什么？ ………… 12
14. 牛产业化经营有哪些主要模式？ ……………………………… 13

模块二　牛的主要品种 ………………………………………………… 15

15. 乳用牛的典型外貌特征是什么？ ……………………………… 15
16. 引入我国的乳用型专用牛品种主要有哪些？ ………………… 15
17. 我国培育的乳用型牛有哪些品种？ …………………………… 17
18. 肉用牛的典型外貌特征是什么？ ……………………………… 18
19. 引入我国的肉用品种牛主要有哪些？ ………………………… 19
20. 我国育成的肉牛品种主要有哪些？ …………………………… 23
21. 兼用牛的外貌特征是什么？ …………………………………… 25

22.我国饲养的兼用牛品种主要有哪些？……………………………25
23.中国黄牛的外貌特征是什么？……………………………………28
24.我国黄牛五大良种是哪些？………………………………………29
25.我国黄牛常采用哪些方法进行杂交改良？………………………31
26.何为轮回杂交和经济杂交？………………………………………34
27.牛的整个体躯分为哪几部分？各部位的具体名称是什么？……35
28.牛体尺测量的意义是什么？………………………………………36
29.牛如何进行体尺测量？……………………………………………36
30.如何估测牛的体重？………………………………………………37
31.如何根据牙齿鉴定牛的年龄？……………………………………38

模块三　牛的繁殖技术……………………………………………40

32.什么是牛的初情期与性成熟？……………………………………40
33.什么是母牛的发情周期？…………………………………………40
34.母牛发情时有什么表现？…………………………………………42
35.与其他家畜相比，牛的发情有何特点？…………………………42
36.母牛常有哪些异常发情现象？……………………………………43
37.母牛发情鉴定的意义是什么？方法有哪些？……………………44
38.母牛何时初配适宜？………………………………………………46
39.母牛发情后何时配种受胎率最高？怎样安排配种时间？………46
40.人工授精在养牛生产中有何重要意义？…………………………47
41.牛的人工授精包括哪些技术环节？………………………………48
42.母牛妊娠后有哪些表现？…………………………………………49
43.母牛的妊娠期是多长时间？………………………………………49
44.母牛妊娠诊断的意义是什么？……………………………………49
45.常用的早期妊娠诊断方法有哪些？怎样诊断？…………………49
46.某奶牛 2017 年 3 月 26 日配种，4 月 30 日确诊已妊娠，预计何时产犊？
　………………………………………………………………………50
47.母牛临产时有哪些征兆？…………………………………………51
48.怎样为妊娠母牛接产？……………………………………………51
49.母牛的分娩过程分为哪几个阶段？………………………………53

50.母牛产后如何护理?·················53
51.初生犊牛如何护理?·················54
52.假死犊牛如何抢救?·················54
53.什么是同期发情?如何进行?···········55
54.什么是诱发发情?··················55
55.什么是胚胎移植?··················56
56.胚胎移植的技术操作规程是什么?········56
57.衡量母牛繁殖力的指标有哪些?··········57
58.母牛繁殖力降低的原因有哪些?··········59
59.提高母牛繁殖力的措施有哪些?··········60

模块四 牛的营养与饲料·················62

60.牛有什么采食特点?·················62
61.根据牛的采食特点,饲喂时应注意哪些问题?···62
62.成年牛的消化特点是什么?·············63
63.犊牛的消化特点是什么?··············63
64.牛的营养需要有何特点?··············64
65.牛的日粮配合应遵循哪些原则?··········66
66.国际分类法将饲料分为哪几类?··········67
67.粗饲料的营养特点是什么?·············67
68.青绿饲料的营养特点是什么?············67
69.青贮饲料有何营养特点?··············68
70.什么是能量饲料?··················68
71.什么是蛋白质饲料?·················68
72.什么是矿物质饲料?·················68
73.什么是维生素饲料?·················69
74.在养牛生产中,如何科学利用牛的饲料添加剂?···69
75.在养牛生产中,如何使用尿素?··········69
76.牛的精饲料如何加工调制?·············70
77.如何调制青贮饲料?·················71
78.青贮饲料调制多少天即可取用?··········72

79. 如何评定青贮饲料品质的优劣？……………………72
80. 什么是全株玉米青贮饲料？……………………73
81. 全株玉米青贮饲料的制作方法是什么？……………………73
82. 制作全株玉米青贮饲料的注意事项有哪些？……………………74
83. 什么是氨化饲料？如何制作氨化饲料？……………………74
84. 什么是微贮饲料？如何制作微贮秸秆？……………………75
85. 怎样调制和贮藏青干草？……………………76

模块五 奶牛生产技术……………………79

86. 怎样挑选黑白花奶牛？……………………79
87. 影响奶牛产奶性能的遗传因素有哪些？……………………79
88. 影响奶牛产奶性能的生理因素有哪些？……………………80
89. 影响奶牛产奶性能的环境因素有哪些？……………………82
90. 初乳对犊牛有哪些特殊作用？……………………84
91. 怎样为犊牛哺喂初乳？……………………84
92. 怎样为犊牛哺喂常乳？……………………85
93. 什么时候对犊牛饲喂植物性饲料？……………………86
94. 为何要对犊牛实施早期断奶？如何实施？……………………86
95. 犊牛管理的措施有哪些？……………………87
96. 什么是育成牛？怎样饲养育成牛？……………………89
97. 怎样管理育成牛？……………………90
98. 成年奶牛饲养管理的技术措施有哪些？……………………90
99. 挤奶前应做好哪些准备工作？……………………93
100. 怎样利用机器挤奶？……………………93
101. 怎样进行手工挤奶？……………………94
102. 奶牛夏季饲养管理的要点是什么？……………………95
103. 什么是全混合日粮（TMR）饲养技术？……………………96
104. TMR 饲养技术的特点是什么？……………………97
105. 实施 TMR 饲养的技术要点有哪些？……………………97
106. 实施 TMR 饲养时应注意哪些事项？……………………99
107. 泌乳初期的母牛如何进行饲养管理？……………………99

108. 泌乳盛期的母牛如何进行饲养管理？……………………100
109. 泌乳中、后期的母牛如何进行饲养管理？……………102
110. 干奶期的母牛如何进行饲养管理？……………………102
111. 干奶的方法有哪些？……………………………………103
112. 初产奶牛如何饲养管理？………………………………104
113. 高产奶牛饲养管理上要特别注意哪些问题？…………105
114. 奶牛养殖最忌什么？……………………………………108
115. 鲜牛奶在收纳时应检验哪些项目？……………………109
116. 如何对鲜奶进行过滤和净化？…………………………110

模块六　肉牛生产技术 ……………………………112

117. 肉牛的生长有何规律？…………………………………112
118. 何谓补偿生长？…………………………………………112
119. 影响产肉性能的因素有哪些？…………………………113
120. 肉用犊牛的饲养管理要点是什么？……………………114
121. 如何对肉用育成母牛进行饲养管理？…………………116
122. 妊娠期母牛的饲养管理如何进行？……………………117
123. 哺乳期母牛的饲养管理如何进行？……………………119
124. 肉牛肥育前应做好哪些准备工作？……………………120
125. 肉牛肥育的方式有哪些？………………………………121
126. 舍饲肥育时应选择什么样的饲料形态？饲喂时应注意什么？……121
127. 育肥牛在各阶段如何进行饲养？………………………122
128. 育肥牛的管理包括哪些措施？…………………………123
129. 什么是小白牛肉？………………………………………124
130. 怎样生产小白牛肉？……………………………………124
131. 什么是小牛肉？…………………………………………125
132. 怎样生产小牛肉？………………………………………125
133. 什么是架子牛肥育？……………………………………126
134. 怎样选购架子牛？………………………………………127
135. 架子牛运输前后应注意哪些事项？……………………127
136. 架子牛肥育的技术要点是什么？………………………128

137. 为提高老龄牛肥育效果，应采取哪些措施？……………………129
138. 什么是高档牛肉？主要指哪几块？…………………………130
139. 高档牛肉的标准是什么？……………………………………131
140. 生产高档牛肉对育肥牛的基本要求是什么？………………131
141. 生产高档牛肉对饲养管理有何要求？………………………132
142. 提高肉牛肥育效果的主要技术措施有哪些？………………133

模块七 牛病防治……………………………………………135

143. 牛的生理特性及牛病的特点是什么？………………………135
144. 牛病防治的基本原则是什么？………………………………136
145. 常见的牛病有哪些？…………………………………………137
146. 牛病临床诊断的检查方法有哪些？…………………………137
147. 牛的皮肤和被毛如何检查？…………………………………137
148. 牛的眼结膜如何检查？………………………………………138
149. 如何检查牛的呼吸？呼吸异常常见于哪些病？……………138
150. 检查牛的鼻液可发现哪类疾病？……………………………138
151. 站立保定牛的操作要领有哪些？如何应用？………………139
152. 如何横卧保定牛？……………………………………………140
153. 柱栏保定牛的操作要领和用途有哪些？……………………142
154. 如何给牛注射？………………………………………………142
155. 如何给牛灌肠？………………………………………………144
156. 如何给牛施行瘤胃穿刺术？…………………………………144
157. 如何给牛导尿？………………………………………………144
158. 如何给公牛去势？……………………………………………145
159. 如何给牛断角？………………………………………………145
160. 如何给牛削蹄？………………………………………………146
161. 引入牛只时必须对哪些疫病进行检疫？……………………146
162. 牛场的消毒制度应包括哪些内容？…………………………147
163. 牛场内如何实施消毒？………………………………………147
164. 控制乳房感染与传播的措施有哪些？………………………148
165. 牛场发生疫病时怎么办？……………………………………148

166. 牛口蹄疫的临床症状和病理变化是什么？如何防控？……………149
167. 牛病毒性腹泻—黏膜病的临床症状和病理变化是什么？如何防治？
　　………………………………………………………………………152
168. 牛流行热的临床症状和病理变化是什么？如何防治？……………154
169. 牛恶性卡他热的临床症状和病理变化是什么？如何防治？………155
170. 什么是疯牛病？其临床症状有哪些？如何防控？…………………156
171. 牛布氏杆菌病的临床症状和病理变化是什么？如何预防？………156
172. 牛结核病的临床表现有哪些？如何诊断和防控？…………………159
173. 牛肺疫的临床症状和病理变化有哪些？如何防控？………………160
174. 牛巴氏杆菌病的临床症状和病理变化有哪些？如何防治？………161
175. 犊牛大肠杆菌病的临床症状是什么？如何防治？…………………164
176. 牛沙门氏菌病的临床症状和病理变化有哪些？如何防治？………166
177. 钩端螺旋体病的临床症状是什么？如何防治？……………………167
178. 肝片吸虫病的临床症状和病理变化有哪些？如何防治？…………168
179. 什么是牛囊尾蚴病？如何防治？……………………………………169
180. 棘球蚴病如何防治？…………………………………………………170
181. 多头蚴病的临床症状是什么？如何防治？…………………………170
182. 蜱病的流行特点和危害是什么？如何防治？………………………171
183. 螨病的流行特点和临床症状有哪些？怎样防治？…………………173
184. 什么是牛焦虫病？如何防治？………………………………………174
185. 如何防治牛球虫病？…………………………………………………175
186. 如何预防和治疗牛犊新蛔虫病？……………………………………176
187. 牛瘤胃积食的临床症状是什么？如何预防？治疗方法有哪些？……176
188. 牛前胃弛缓的病因和临床症状是什么？治疗方法有哪些？………177
189. 牛瘤胃臌气的病因和临床症状是什么？如何预防？治疗方法有哪些？
　　………………………………………………………………………179
190. 牛瓣胃阻塞的病因和临床症状是什么？治疗方法有哪些？………180
191. 牛胃肠炎的病因和临床症状是什么？治疗方法有哪些？…………181
192. 牛感冒的病因和临床症状是什么？如何预防？治疗方法有哪些？…182
193. 牛支气管炎的病因和临床症状是什么？治疗方法有哪些？………183
194. 牛酮病的病因和临床症状是什么？治疗方法有哪些？……………184
195. 牛白肌病的病因和临床症状是什么？如何防治？…………………185

196. 创伤如何治疗？……………………………………………………186
197. 牛蜂窝织炎的症状是什么？如何治疗？……………………187
198. 牛腐蹄病的症状是什么？如何预防和治疗？………………187
199. 如何进行牛瘤胃切开术？………………………………………188
200. 牛瘤胃酸中毒的症状是什么？如何治疗？…………………188
201. 牛有机磷中毒的症状是什么？如何治疗？…………………189
202. 牛产后瘫痪的症状是什么？如何预防与治疗？……………190
203. 引起母牛难产的原因有哪些？发生难产时怎样进行产道和胎儿检查？……………………………………………………192
204. 什么情况下对分娩母牛进行人工助产？如何进行？………193
205. 流产的原因是什么？如何治疗？………………………………194
206. 母牛阴道脱出的症状是什么？如何治疗？…………………194
207. 牛不孕症的原因是什么？如何治疗？…………………………195
208. 乳房炎的症状是什么？如何治疗？……………………………197
209. 胎衣不下如何治疗？………………………………………………198
210. 新生幼畜窒息如何治疗？………………………………………198
211. 犊牛拉稀如何治疗？………………………………………………199

参考文献……………………………………………………………200

模块一 牛场建设

1.如何选择牛场场址？

牛场场址的确定应重点考察以下五个方面。

（1）地形、地势

地形要求开阔整齐、以正方形或长方形为主体，狭长与多边形不利于场区规划与布局。地势应高燥、平坦，不宜选在低洼潮湿或强风口处，以免造成排水困难、汛期积水，也不利于冬季防寒保暖。

（2）水源

所选场址要求水源充足，水质良好并合乎卫生要求，不含毒物，确保人畜安全和健康，并且取用方便。

（3）土质

以沙壤土最理想，沙土次之，黏土最差。沙壤土土质松软，抗压性和透水性强，导热性小，雨水、尿液不易积聚，有利于牛舍及运动场的清洁卫生，可防止蹄病的发生。

（4）社会联系

牛场选址一方面要考虑卫生防疫问题，符合兽医卫生和环境卫生的要求，周边无疫病区，距主要交通要道如公路、铁路在1 000m以上，距化工厂、畜产品加工厂等1 500m以外，另一方面要注意交通、供电、通讯方便，有利于饲料、产品运输及人员往来，便于对外交流。还要注意对周边环境的污染问题，即牛场不能成为周围环境的污染源，同时又不受周围环境的污染。因此，要求牛场位于距离村庄居民点500m以上的下风处，以防止对人们的生活产生不良影响。

(5) 饲草料资源

牛场应距秸秆、青贮和干草饲料资源较近，附近有可种植牧草的优质土地，以保证饲草料供应。一般牛场与周围农业种植区的半径应保持在 5~8km，以减少运费，降低生产成本。

2.牛场的面积如何确定？场内各个功能区如何划分与布局？

牛场的面积可根据养牛头数确定。

奶牛场：成年母牛按每头 160~200m² 计算，育成牛减半，犊牛占成年牛的 1/5。

肉牛场：繁殖母牛按每头 100~160m²，肥育牛按每头 30~40m² 计算。

按经营管理功能，可将牛场场区分为四个功能区，即生活区、管理区、生产区和隔离区（含粪污处理区）。为便于防疫和安全生产，应根据当地全年主风向与地势，依次安排以上各区（见图1-1）。

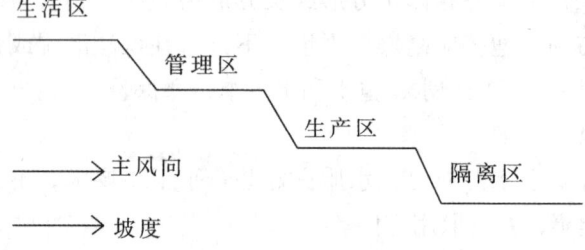

图1-1 牛场场区分布图

(1) 生活区

生活区包括职工宿舍、食堂、文化娱乐室等，应设在牛场上风向或场外地势较高地段，以防气味、噪音、污水等污染和疫病传播。

(2) 管理区

管理区包括行政和技术办公室、接待室、门卫、水电供应设施、车库、杂品库、车辆消毒池、更衣消毒室和洗澡间等。管理区应设在牛场大门口，便于与外界联系，与生产区要有隔离设施，外来人员只能在管理区活动，不得进入生产区。

(3) 生产区

生产区是牛场的核心区，应建在牛场的核心地带，主要有以下设施。

①消毒室（池）：在生产区进口处应设紫外线消毒室或喷雾消毒室和车

②牛舍及运动场：牛舍建在场内中心，牛舍向阳侧设运动场，运动场的面积一般为牛舍面积的3~4倍。

③饲料库及饲料调制室：饲料库包括草库及精料库等，应离牛舍较近。调制室靠近饲料库，便于运输。

④青贮窖：应设在牛舍附近，便于取用。但须注意防止牛舍等处污水流入窖内。

⑤奶牛场建立挤奶厅：应建在奶牛舍和通往外界的道路之间，以便奶牛进站挤奶以及鲜奶外运。

(4) 隔离区

主要包括兽医室、隔离圈舍、病死牛处理场、堆粪场、化粪池等，应设在牛场的下风向及位置最低处，并与生产区保持一定的距离。

3.按饲养方式不同，奶牛舍可分为哪些类型？

按饲养方式不同，奶牛舍可分为拴系式和散栏式两种类型。

(1) 拴系式牛舍

是一种传统的牛舍，目前已不多用。每头牛都有固定的牛床，用颈枷拴住牛只，集奶牛饲喂、休息、挤奶于一牛床上进行。

(2) 散栏式牛舍

奶牛的饲喂、休息、挤奶在不同的专门区域进行。奶牛除挤奶外，其余时间不加拴系，任其自由活动。目前，国内新建的机械化奶牛场大多采用散栏式饲养，这是现代奶牛业的发展趋势。

4.按牛群类别不同，奶牛舍可分为哪些类型？

按牛群类别不同，奶牛舍可分为成年奶牛舍、育成牛和青年牛舍、产房和犊牛舍。

(1) 成年奶牛舍

成年奶牛舍在奶牛场中的比例最大，是牛场的主要建筑，主要饲养产奶牛。我国已有规范设计的标准牛舍。双列式牛舍在我国奶牛业使用最为普遍，其中有对头式和对尾式两种。

(2) 育成牛和青年牛舍

育成牛为6~16月龄的奶牛，青年牛为16月龄后配种受孕到首次分娩前的奶牛。这类牛舍的基本形式与成年牛舍相同，只是牛床尺寸小，中间走道稍窄而已。牛舍建造上可采用东、西、北面有墙，南面没有墙或仅有半截墙的敞开式或半敞开式牛舍。

（3）产房和犊牛舍

较大规模的牛场应建有专门的产房。产房的床位占成年奶牛头数的10%，床位应大一些，一般宽1.5~2.0m，长2.0~2.1m，粪沟不宜深，约8cm即可。

5.按饲养方式不同，肉牛舍可分为哪些类型？

（1）拴系式肉牛舍

目前国内采用舍饲的肉牛舍多为拴系式，尤其是高强度肥育肉牛。拴系式饲养占地面积少，节约土地，管理比较精细，牛只活动少，饲料转化率高。其内部排列与奶牛舍相似，可分为单列式、双列式和四列式三种。

单列式跨度一般为6.0m，高2.8~3.0m，双列式跨度一般为10~12m，高2.8~3.0m（见图1-2）。双列式牛舍内送料通道宽4.0m，以利于机械化作业。

图1-2 双列式肉牛舍

肉牛舍的地面最好建成粗糙的防滑水泥地面，向排粪沟方向倾斜1%。牛床前面设固定水泥槽，饲槽宽50~60cm，槽底为U字形。粪尿沟宽30~35cm，深10~15cm，并向暗沟倾斜，通向化粪池。

（2）围栏式肉牛舍

围栏式肉牛舍面积是按牛的头数确定的，以每头繁殖牛占地30m²、幼龄肥育牛占地13m²计算，周围加围栏（含运动场），将肉牛养在露天的围栏内。栏内一般不设棚舍或仅在采食区和休息区设凉棚。这种饲养方式投资少，便于机械化操作，适于大规模饲养。

6.牛舍的基本结构有哪些要求?

(1) 牛舍面积

由于牛的品种、体型大小、生产目的、饲养方式等不同,每头牛占用的牛舍面积也不一样。肥育牛所需面积一般为 $2.2 \sim 2.6 m^2$/头,奶牛为 $2.4 \sim 3.0 m^2$/头。

(2) 牛舍地面

因建筑材料不同而分为黏土地、三合土地(石灰:碎石:黏土 =1:2:4)、石地、砖地、木质地、水泥地面等。为了防滑,水泥地面应做成粗糙磨面或划槽线,线槽坡向着粪尿沟。

(3) 墙体

根据墙体的情况,可将牛舍分为开放舍、半开放舍和封闭舍三种类型。封闭式牛舍上有屋顶,四面有墙,并设有门、窗。开放式牛舍与半开放式牛舍三面有墙,一般南面无墙或只有半截墙。

(4) 门

牛舍大门多采用推拉门,不设台阶和门槛,以便牛自由出入。成年牛牛舍门宽 $2.0 \sim 2.2m$,门高 $2.0 \sim 2.4m$,每25头牛需有一座大门。犊牛舍门宽 $1.5m$,门高 $2.0 \sim 2.2m$。

(5) 窗户

窗户主要起到通风、采光、冬季保暖的作用。在寒冷地区,北窗应少设,窗户的面积也不宜过大。在温暖的南方地区主要保证夏季通风,可适当多设窗和加大窗户面积,以窗户面积占总墙面积的 $1/3 \sim 1/2$ 为宜。窗台距舍内地面的距离为 $1.2m$,窗宽为 $1.2 \sim 1.5m$,窗高为 $0.75 \sim 0.9m$。

(6) 屋顶与天棚

最常用的屋顶是双坡式屋顶,屋顶斜面呈 $45°$。这种形式的屋顶可用于较大跨度的牛舍,还可用于各种规模的各类牛群,既经济,又保温,而且容易施工修建。

天棚俗称顶棚、天花板,是在牛舍内屋顶或楼板下加建的一层东西。其主要功能在于冬季防止热量从屋顶大量排出舍外,夏季阻止强烈的太阳辐射热传入舍内,同时也有利于通风换气。常用的天棚材料有混凝土板、木板等。牛舍高度(地面至天花板的高度)在北方寒冷地区以 $2.4 \sim 2.8m$ 为宜,南方以 $2.8 \sim 3.2m$ 为宜。

7.牛舍内部有哪些设施？各有何要求？

(1) 牛床

牛床应具有保温、不吸水、坚固耐用、易于清洁消毒等特点。牛床的大小取决于牛体大小（见表1-1），不宜过短或过长，过短时，牛起卧受限，容易引起乳房损伤，发生乳房炎或四肢受损等，过长则粪便容易污染牛床和牛体。牛床宽度取决于牛的体型和是否在牛舍内挤奶，如果在牛舍内挤奶，牛床不宜太窄，否则挤奶员在两头牛中间挤奶操作不便。此外牛床应有1.0%～1.5%的坡度，并高出清粪通道5cm，以利冲洗和保持干燥。牛床上可铺设垫草或木屑，一方面保持干燥，减少蹄病，另一方面有利于卫生。

表1-1 牛床的长、宽设计参数

牛群类别	长度(cm)	宽度(cm)
成年奶牛	170～180	110～130
青年牛	160～170	100～110
育成牛	150～160	80
犊牛	120～150	60

(2) 隔栏

为便于挤奶操作，防止奶牛相互侵占牛床，一般在牛床之间设置由弯曲钢管制成的隔栏。隔栏的长度约为牛床地面长度的2/3，栏杆高80cm，由前向后倾斜。

(3) 饲槽

饲槽位于牛床前，通常为固定的统槽。要求坚固、表面光滑、不透水、耐磨、耐酸，底部为圆弧形，以利于清洗消毒及适应牛用舌采食的习性。槽底高于牛床地面5～10cm，设计参数见表1-2。饲槽最好采用水磨石或钢砖建造，前沿设有牛栏杆，端部装有自来水管及水阀，两端设有窗栅的排水器，以防草、渣类堵塞窨井。一般在两栏之间的饲槽旁离地面0.5m处设自动饮水装置，每2头牛提供1个。目前许多现代化的奶牛场的饲槽为就地饲槽，即道槽合一。

表 1-2　牛饲槽设计参数

单位：cm

饲槽种类	槽顶部内宽	槽底部内宽	前高	后高
成年奶牛	60~70	40~50	30~40	60
青年牛	50~60	30~40	25	50~55
育成牛	40~50	30~35	20	40~50
犊牛	30	25~30	15	30

（4）通道

一般分为饲喂通道（净道）和清粪通道（污道）。现代奶牛舍多为对头式排列，中央通道为饲喂通道，若采用道槽合一的就地饲槽设置，中央通道一般高于牛床 20~40cm。传统的双列牛舍多为对尾式，中央通道为清粪通道。

（5）粪尿沟

在牛床与清粪通道之间设有粪尿沟。粪尿沟通常为明沟，沟宽一般为 30~40cm，以铁锹能放进沟内为宜，沟深为 5~20cm，沟底应有 6% 的排水坡度。也可采用深沟，加盖铸铁或水泥漏缝盖板，粪尿通过漏缝落入粪沟里。

（6）颈枷

其作用是把牛固定在牛床上，便于牛采食、休息和挤奶，防止因随意乱动使前肢踏入饲槽，后肢倒退入粪尿沟。颈枷要求坚固、轻便、光滑、操作方便。颈枷有硬式和软式两种，硬式多采用钢管制成（如图 1-3 所示），软式颈枷多用铁链构成，主要有横链式和直链式两种形式。

图 1-3　硬式颈枷实物图

①横链式（见图1-4）：由长短不一的两条铁链组成，主链是一条横挂着的长链，两端有滑轮挂在两侧牛栏的立柱上，可自由上下滑动。用另一短链固定在横的长链上套住牛颈，使牛头能自如地上下左右活动，不致因拉长铁链而导致抢食。

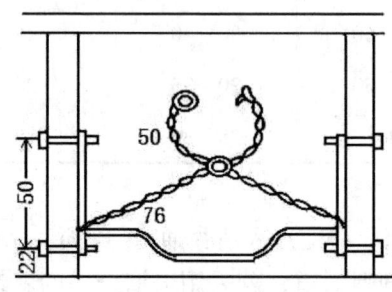

图1-4 横链式颈枷（单位：cm）

②直链式（见图1-5）：也是由两条长短不一的铁链构成，长链长130~150cm，下端固定在饲槽前壁，上端拴在一根横栏上，短链长约50cm，两端用两个铁环穿在长链上并能沿长链上下滑动。用这种拴系方式固定的牛，牛头上下左右可自由活动，采食、休息均较为方便。

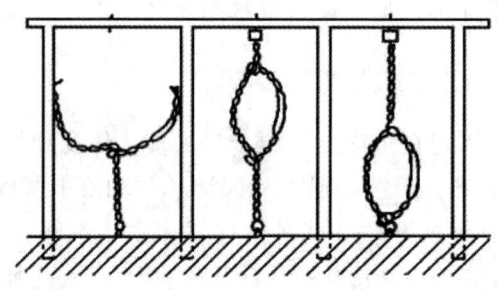

图1-5 直链式颈枷

链式拴系为传统饲养的固定方式，目前，在我国规模奶牛场多采用颈枷限位设置。

8.如何建造塑料暖棚牛舍？

在北方气候寒冷的冬、春季，可以利用塑料暖棚养牛，不仅保温好，而且造价低，适于对牛进行短期育肥。暖棚一般以坐北朝南，略偏东为好，屋顶斜面与水平地面的夹角应大于当地冬至时的太阳高度角。

建造塑料暖棚肉牛舍应先用木杆、竹托、钢筋、金属等做成支架，支架上覆盖塑料膜（见表1-3）。为增加牛舍光照面积和防止雨雪天塑料膜上积水，暖棚顶应有一定坡度，一般以40°~65°为宜。所用塑料薄膜应为白色透明、厚0.02~0.05mm的农用塑料薄膜，应将薄膜扣紧拉平，四边封严。在夜间和阴雨雪天要用草帘和棉帘、麻袋将塑料棚封严，以减少热量散失，保持舍内温暖。

塑料暖棚牛舍多在11月上旬至次年的3月中旬使用。目前，此种牛舍多用于小规模肉牛养殖。应用时，还应注意舍内的通风，并降低湿度，及时清理粪尿，勤换垫草，定时开窗。

表1-3 塑料暖棚牛舍建筑参数

名称	规格
门	宽1.2m，高1.8~2.0m
支架间距	0.6~0.8m
南墙高	0.9m
北墙高	2.4m
南墙至立柱间距（南侧料道）	2.0m
北墙至立柱间距	4.8m
立柱高	3.5m
食槽	宽0.8m，前缘高0.6m，后缘高0.4m
牛床	长2.0m，宽1.2~1.5m
排粪沟	0.4m（水泥地面可修成一定的坡度，以便用水冲洗）
畜道、清粪道	1.6m
牛舍长度	根据牛数确定

9.如何对牛场废弃物进行无害化处理？

（1）生产沼气

利用厌氧细菌（主要是甲烷菌）对牛粪等有机物进行厌氧发酵可产生沼气，在沼气生产过程中，厌氧发酵可杀死病原微生物和寄生虫卵，发酵的残渣又可作肥料。因此生产沼气既能合理利用牛粪，又能防止环境污染。其工艺流程见图1-6。

（2）堆肥发酵处理

牛粪污的发酵处理，即利用各种微生物的活动来分解粪中的有机成分，

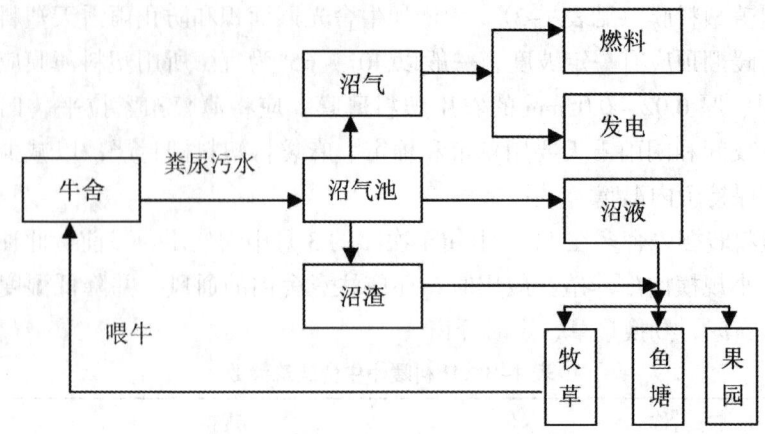

图1-6 沼气生产工艺流程

可以有效提高这些有机物质的利用率。在发酵过程中形成的特殊理化环境也可基本杀灭粪中的病原体。发酵处理主要有充氧动态发酵、堆肥处理、堆肥药物处理等,其中堆肥处理方法最简单,无须专用设备,处理费用低。

(3) 固液分离

固液分离是采用机械法(包括搅拌机、污物泵、分离主机、压榨机和清水泵等)将牛粪尿或污水中的固体与液体部分分开,然后分别对分离物质加以利用,是处理牛粪尿及污水的关键环节。固液分离既可以对固态的有机物再生利用,制成肥料或作为食用菌(如蘑菇等)的培养基,又可减少污水中的有机悬浮物等,便于污水的进一步处理和排放。分离后的液体进入活气厌氧发酵池,通过微生物—植物—动物—菌藻的多层生态净化系统,使污水污物得以净化。净化的水达到国家排放标准后,可排放到江河或直接回收用于冲刷牛舍。

目前,出于环境与经济的双重考虑,国外尤其是欧洲国家倾向于采用固液分离技术对养牛场废弃物进行处理。

10.牛场的有害气体如何净化?

牛的排泄物、皮肤分泌物、黏附于皮肤的污物、牛的嗳气、呼出的气体以及粪污在堆放过程中有机物腐败分解产生大量难闻的有害气体,造成牛场特有的臭味。生产中必须采取措施防止粪便产生臭气或防止臭气散发,减少环境污染。首先是源头治理,通过科学配置日粮、平衡饲养,提高草料转化利用,降低有害气体的产生与排放量。其次是面源治理,常用方法如下：

(1) 吸附或吸收法

通过向粪便或牛舍内投放吸附剂来减少臭味的散发。常见的吸附剂有沸石、膨润土、海泡石、凹凸棒石、蛭石、硅藻土、锯末、薄荷油、蒿属植物、腐殖酸钠、硫酸亚铁、活性炭、泥炭等。其中，沸石类能很好地吸附 NH_4^+ 和水分，抑制氨的产生和挥发，降低畜舍臭味。

(2) 化学除臭法

向牛舍内喷洒化学氧化剂，通过化学反应把有味的化合物转化成无味或较少气味的化合物。化学氧化剂除可以除味外，还能起到杀菌消毒的作用。常用的化学氧化剂有高锰酸钾、重铬酸钾、硝酸钾、过氧化氢、次氯酸盐和臭氧等，其中高锰酸钾的除臭效果相对较好。

(3) 生物除臭法

利用生物除臭剂控制（抑制或促使）微生物的生长，减少有味气体的产生。常见的生物除臭剂包括生物助长剂和生物抑制剂。生物助长剂是利用活的细菌培养基、酶或其他微生物等，加快动物粪便降解过程中有味气体的生物降解过程，减少有味气体的产生。生物抑制剂是通过抑制某些微生物的生长以控制或阻止有机物质的降解，进而控制气味的产生。

(4) 洗涤法

洗涤法是让污染气体与含有化学试剂的溶液接触，通过化学反应或吸附作用去除有味气体的方法。洗涤实际上是一种化学氧化法，洗涤效果取决于氧化剂的浓度及种类、气体的黏度和可溶性、雾滴的大小和速度等。常见的洗涤方式有喷雾洗涤和叠板式洗涤两种。喷雾洗涤的洗涤液被雾化成许多微小的雾滴，雾滴喷洒到被污染的空气中，将带有气味的化合物氧化而除去。叠板式洗涤是一个叠放在一起的铝（钢）板，洗涤液流过铝（钢）板表面时会形成薄薄的一层水膜，有味气体从底部向上通过水膜表面时即被氧化吸收。

(5) 场界植林带

在养殖场的周围种植绿色植被，可以降低风速，防止气味传到更远的距离，减少臭气污染的范围。防护林还可降低环境温度，减少气味的产生或挥发。树叶可直接吸收、过滤含有气味的气体或尘粒，从而减轻空气中的气味。树木通过光合作用吸收空气中的 CO_2，释放出 O_2，可明显降低空气中 CO_2 的浓度，改善空气质量。

11.奶牛场合理的牛群结构是什么?

奶牛场合理的牛群结构应该是成年母牛占牛群的60%~65%,育成母牛占20%~30%,母犊牛占8%~10%。成年母牛比例过高或过低,都会影响奶牛场的经济效益。

为保证牛群结构能够不断更新,一般情况下1~2胎母牛应占成年母牛的35%~40%,3~5胎母牛占40%,6胎以上占20%~25%。牛群中泌乳母牛应占成年母牛的80%以上,即泌乳母牛与干奶母牛之比以4~5∶1为宜。同时必须及时淘汰老、弱、病、残及低产牛。

12.饲养肉牛可采取哪些形式?

肉牛饲养可以采取三种形式:

(1) 自繁自养,即将本场生产的犊牛全部留用,留种或肥育。

(2) 只养繁殖牛,出售犊牛或架子牛(一般3岁以内,体重达500kg左右出售)。

(3) 专门化育肥场,即外购犊牛或架子牛进行肥育,达屠宰体况时出栏。

13.什么是牛产业化经营?产业化经营的意义是什么?

牛产业化经营即养牛产业化,是以国内外产品市场为导向,以效益为中心,以科技为先导,以经济利益机制为纽带,按市场经济发展的规律和社会化大生产的要求,通过龙头企业或其经济实体或专业协会的组织协调,把单兵作战的场、户组织起来,将分散的饲养、加工、销售企业或养殖户与统一的大市场结合起来,进行必要的专业分工重组,实现资金、技术、人才、物质等生产要素的优化配置,实现养牛产业布局区域化、生产专业化、管理企业化、服务社会化、经营一体化、产品商品化。

产业化经营的意义:

(1) 有利于产品开发,扩大竞争优势

经营体系中的龙头企业,一头连市场,一头连基地和农户,以经济利益相吸引,以合同为纽带,有序地把生产、加工、销售融为一体,资源利益合理,科技含量高,市场份额大,有利于开发名特产品,形成主导产业,克服家庭分散经营在市场竞争中的不利地位。

(2) 有利于社会化服务，实现规模经营

全方位的系列化、综合化的服务体系是养牛产业化发展的重要保证。产业化经营体系中的各种服务体系，从维护自身利益出发，向生产者主动提出信息、科技、资金物质等服务，有利于解决畜牧业专业化生产与社会化服务滞后的矛盾，从而促进生产规模的不断扩大。

(3) 实现产品增值，获得最大效益

牛的产业化经营，通过产业链的延伸，发展多层次加工、贮藏、运输、销售体系，实现多层次增值，有利于实现产业总体效益最大化。

(4) 带动农民致富，促进农村发展

实现牛的产业化生产，使与龙头企业联合的养殖户通过扩大生产，解决大量农村剩余劳动力。同时，通过为农村二、三产业的发展和出口换汇提供大量原料和畜产品，加快农村工业化、小城镇建设的步伐。

14.牛产业化经营有哪些主要模式？

(1) 企业带动型

以实力较强的企业为"龙头"，与牛生产基地和农户结成紧密的产加销一体化生产体系。最常见的联结方式是契约式，签约双方规定责、权、利。企业对基地和农户具有明确的扶持政策，提供全过程服务，设立产品最低保护价，并保证优先收购。农户按合同规定定时、定量向企业交售优质畜产品，由"龙头"企业加工、出售制成品。这种形式目前在外向型创汇畜牧业中较为流行，各地都有比较普遍的发展。

(2) 市场牵动型

以专业市场或专业交易中心为依托，拓宽商品流通渠道，带动区域专业化生产，实行产加销一体化经营。

(3) 企业集团型

以牛生产为基地，以加工、销售企业为主体，以综合技术服务为保障，把生产、加工、销售、科研和生产资料供应等环节纳入统一经营体内，成为比较紧密的企业集团。

(4) 主导产业带动型

从利用当地资源和开发特色产品入手，逐步扩大经营规模，提高产品档次，组织产业群、产业链，形成区域性主导产业和拳头产品，走产业化之路。

(5) 科技推动型

发挥技术优势,为农牧民提供技术服务,推动牛的生产与产品加工配套发展,开拓新的市场领域。

(6) 中介组织带动型

中介组织有农民专业合作社、供销社以及各种技术协会、销售协会等。这类组织充分发挥他们在信息、资金、技术、销售等方面的优势,不仅为农民的产、供、销提供各种服务,而且也为加工、销售企业提供服务。同时协会还反映生产者的呼声,保护农民的利益。

模块二
牛的主要品种

15.乳用牛的典型外貌特征是什么?

从整体看：乳用牛外貌上的基本特点是全身清秀，细致紧凑，皮薄骨细，轮廓分明，血管显露，被毛细短而有光泽，后躯和乳房特别发达，侧视、前视、背视体型均呈三角形（见图2-1）。

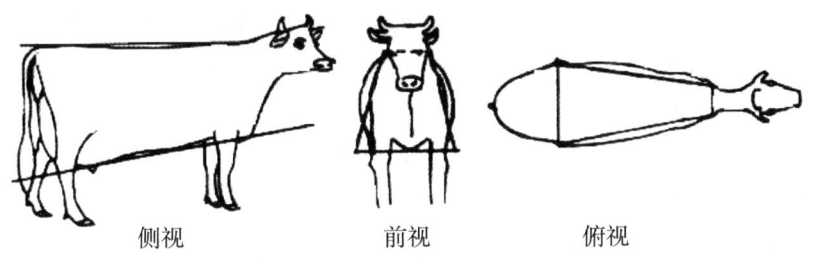

图2-1 乳牛楔形体型模式图（侧视、前视、俯视）

从局部看：头清秀、颈狭长。胸宽深，背腰平直，腹大而不下垂。尻部宽、平、长，腰角显露。四肢发育健全，姿势端正，蹄部致密而坚实。乳房大而延伸，附着良好，呈"浴盆状"；乳区匀称；乳头大小适中，呈柱状垂直，松紧适度；乳静脉粗大且弯曲明显，多分枝；乳镜宽大。

奶牛的理想外貌要求是"三宽三大"，即背腰宽、腹围大、腰角宽、骨盆大、后裆宽、乳房大。

16.引入我国的乳用型专用牛品种主要有哪些?

引入我国的乳用品种主要有荷斯坦牛和娟姗牛。

(1) 荷斯坦牛

①原产地及分布：荷斯坦牛原产于荷兰北部，是世界上分布范围最广的乳牛品种。许多国家引入后经过长期驯化和系统选育或与当地牛杂交，形成了适应当地自然条件、各具特点的荷斯坦牛，多数冠以本国名称，如美国荷斯坦牛、加拿大荷斯坦牛、澳洲荷斯坦牛、中国荷斯坦牛等。由于各国对荷斯坦牛选育方向不同，因此分别育成了以美国、加拿大、以色列等国家为代表的乳用型和以荷兰、德国、丹麦、瑞典、挪威等欧洲国家为代表的乳肉兼用型两大类型。

②外貌特征：乳用型荷斯坦牛具有典型的乳用型牛外貌特征。成年母牛体型后躯较前躯发达，侧视、前视、俯视均呈明显的三角形结构。该牛体格高大，结构匀称，皮薄骨细，皮下脂肪少，乳房庞大，且前伸后延好，乳静脉粗大而弯曲，头狭长清秀，背腰平直，尻方正，四肢端正，被毛细短，毛色呈黑白花斑，界线分明，额部有白星，腹下、四肢下部（腕、跗关节以下）及尾帚为白色。成年公牛体重为 900～1 200kg，成年母牛为 650～750kg，犊牛初生重为 40～50kg。

乳肉兼用型荷斯坦牛体格略小，体躯低矮宽深，皮肤柔软而稍厚，尻部方正，四肢短而开张，肢势端正，侧视略偏矩形，乳房发育匀称，前伸后展，附着良好，毛色与乳用型相同，花片更整齐美观。成年公牛体重为 900～1 100kg，成年母牛为 550～700kg，犊牛初生重为 35～45kg。全身肌肉较乳用型丰满。

③生产性能：乳用型年平均产奶量为 7 500～8 500kg，乳脂率为 3.5%～3.8%；乳肉兼用型年平均产奶量为 5 500～6 500kg，乳脂率可达 3.8%～4.0%。经肥育的荷斯坦牛屠宰率可达 55%～62.8%，产肉量多，增重速度快，肉质好。

④适应性和杂交效果：荷斯坦牛较耐寒，耐热性较差，夏季高温时产奶量明显下降。引自炎热地区如澳大利亚的荷斯坦牛，能较好地适应热带、亚热带气候。用荷斯坦牛与本地黄牛杂交，其毛色呈显性，产奶量的提高效果非常明显，杂交一代、二代、三代的年均产奶量分别为 2 000kg、3 000kg、4 000～5 000kg。

(2) 娟姗牛

①原产地及分布：娟姗牛属于小型乳用品种。原产于英吉利海峡的娟姗岛。由于娟姗岛的自然环境条件适合养奶牛，加之当地农民精心选育和

良好的饲养条件，从而育成了性情温顺、体型较小、乳脂率较高的乳用品种。现分布于世界各地。

②外貌特征：娟姗牛体格小，清秀，轮廓清晰，具有典型的乳用型牛外貌特征。头小而轻，眼大而明亮，额部稍凹陷。角中等长，呈琥珀色，角尖呈黑色。胸深而宽，背腰平直，后躯发育好，四肢较细，关节明显。乳房容积大，发育匀称，形状美观，乳静脉粗大而弯曲，乳头略小。皮薄，骨骼细，被毛细短而有光泽，毛色为深浅不同的褐色，以浅褐色最多。鼻镜及舌为黑色，嘴、眼周围有浅色毛环，尾帚为黑色。成年公牛体重为650～750kg，成年母牛为350～450kg，犊牛初生重为23～27kg。

③生产性能：娟姗牛的最大特点是单位体重产奶量高，乳汁浓厚，乳脂肪球大，易于分离，风味好，适于制作黄油。年均产奶量为3 000～4 000kg，乳脂率为5%～7%，为全世界奶牛中乳脂率最高的品种。

④杂交改良效果：娟姗牛性成熟较早，初次配种年龄为15～18月龄。耐热乳脂率高。很多国家引入后，除进行纯种繁育外，用该品种同乳脂率低的品种进行杂交，改良当地奶牛的含脂率，取得了良好的效果。我国曾少量引入该品种，对提高我国南方奶牛的乳脂率、乳蛋白率、抗病力、耐热性等起到了一定的作用。

17.我国培育的乳用型牛有哪些品种？

我国培育的乳用型牛专用品种主要是中国荷斯坦牛（1992年前称为中国黑白花奶牛）。各种类型的荷斯坦牛在我国经过长期驯化、选育，特别是与各地黄牛进行杂交，逐渐形成了现在的中国荷斯坦牛。荷斯坦牛是我国引入的主要奶牛品种，分布于全国各地。由于各地引用的荷斯坦公牛与本地母牛类型不一，以及饲养环境条件的差异，使中国荷斯坦牛的体格不一致，基本上可划分为大、中、小三个类型。

（1）外貌特征

中国荷斯坦牛体型外貌多为乳用体型，华南地区的偏乳肉兼用型。毛色黑白花，花色分明，额部多有白斑，腹下、四肢下部及尾端呈白色。体质细致结实，体躯结构较匀称。有角，多数由两侧向前向内弯曲，色蜡黄。尻部平、方、宽，乳房发育良好，质地柔软。乳静脉明显，乳头大小、分布适中。目前大型奶牛主要有美国荷斯坦牛血统，成年母牛体高135cm，体重600kg左右；中型奶牛主要由引进欧洲部分国家中等体型的荷斯坦公牛培育而成，成年母牛体高133cm以上；小型奶牛主要由引进国外一些荷斯坦公牛与我国体型小的本地母牛杂交培育而成，成年母牛体高130cm左右。

(2) 生产性能

据21 905头品种登记牛的统计，中国荷斯坦牛305d各胎次平均产奶量为6 359kg，乳脂率为3.56%。近年来随着良种的引入及饲养条件的不断改善，良种场的牛群年均产奶量已达7 000kg以上，在饲养条件较好、育种水平较高的京、沪等地，奶牛场全群年均产奶量已超过8 000kg。淘汰母牛屠宰率为50%～63%，净肉率为40%～45%。

(3) 杂交改良效果

中国荷斯坦牛性情温顺、适应性良好、抗病力较强、饲料转化率较高，同我国本地黄牛杂交，效果表现良好，其后代乳用体型得到改善，体格增大，产奶性能也大幅度提高。

针对中国荷斯坦牛还存在着外貌体格不一致、乳用特征欠明显、尖斜尻较多、产奶量较低等缺点，今后应加强适应性的选育，特别是耐热、抗病能力的选育，重视牛的外貌结构和体质，提高优良牛在牛群中的比例，稳定优良的遗传特性。对牛生产性能的选择，仍以提高产奶量为主，并具有一定的肉用性能，同时注意乳脂率的提高。

18.肉用牛的典型外貌特征是什么？

从整体看：被毛细密，皮薄骨细，肌肉丰满，皮下脂肪发达，体格充实，前后躯均发达，中躯显得相对较短，使前、中、后躯趋于相等。侧视、俯视、后视均呈长方形（见图2-2）。

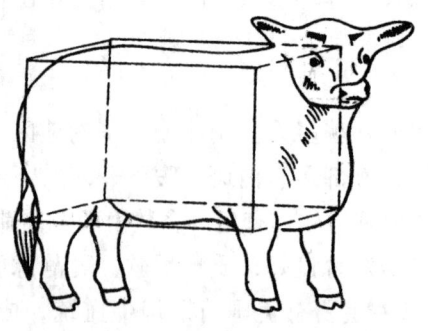

图2-2　肉用牛外形模式图

从局部看：头短、额广、面宽而多肉，口角深。颈短而粗圆，肉垂发达。鬐甲低平，宽厚多肉，与背腰在同一水平线上。前胸饱满，突出于两前肢。肋骨长而弯弓较大，肋间隔小。背腰宽广平直，多肉，肷窝浅，腰角丰圆而不突出。尻宽长平直，富于肌肉。四肢相对较短，上部宽而多肉，下部短而结实，左右两肢间距离大。连接腰角、臀端与飞节三点，可构成丰满多肉的三角形。

肉牛的理想外貌要求是"五宽五厚"，即额宽、颊厚、颈宽、垂厚、胸宽、肩厚、背宽、肋厚、尻宽、臀厚。

19.引入我国的肉用品种牛主要有哪些？

（1）夏洛来牛

①原产地及分布：夏洛来牛是现代大型肉用品种，原产于法国中西部和东南部的夏洛来省和涅夫勒地区。以体型大、生长快、肉量多、耐粗放而闻名，许多国家作为肉牛生产的种牛引进，参与新品种的培育与杂交繁育。我国第一个肉牛品种夏南牛就是用该牛与南阳牛杂交培育而来的。

②外貌特征：夏洛来牛体格大，体质结实，全身肌肉非常丰满，尤其是后腿肌肉圆厚，并向后突出，形成"双肌"特征（牛的臀部和股部肌肉异常发达，形成界限分明的肌肉块）。头中等大，颜面部宽，颈粗短多肉。体躯呈圆筒状，四肢直立，蹄为蜡黄色。被毛细长，毛色为白色或乳白色。成牛公牛体重为1 100～1 200kg，成年母牛为700～800kg，公犊平均初生重为45kg，母犊为42kg。

③生产性能：夏洛来牛生产性能表现出的最显著特点是生长速度快，眼肌面积大，瘦肉产量高。15月龄以前的日增重超过其他品种，在肥育期日增重最高可达1.88kg，因而可以在较短的时期内，以较低的成本生产出更多的肉量。胴体瘦肉多、脂肪少，但肌肉纤维较粗，肉质嫩度稍差。屠宰率为60%～70%，胴体产肉率为80%～85%。在我国的饲养条件下，出生6月龄平均日增重为1 168g，公犊周岁体重可达378kg，母犊达320kg，18月龄公牛体重达734kg，18岁龄母牛达464kg。

④杂交改良效果：夏洛来牛是在放牧条件下培育的，因此适应放牧饲养，耐寒和耐粗饲，对环境条件适应性强。夏洛来牛与我国黄牛的杂交后代增重效果非常显著。杂一代毛色乳白或浅黄，初生体重较本地黄牛提高30%，周岁体重提高50%，屠宰率提高5%，但繁殖性能稍差，难产率高，

不宜作小型黄牛的第一父本,在经济杂交中宜作"终端"父本。

(2) 利木赞牛

①原产地及分布:利木赞牛原产于法国中部利木赞高原,并由此而得名。原为役肉兼用牛,逐步培育成现在的专门化大型肉用牛品种。在法国主要分布在中部和南部广大地区,数量仅次于夏洛来牛。许多国家都有该牛分布,我国1974年开始从法国引入,现广泛分布于全国各地,黑龙江、山东、安徽等省为主要供种区。

②外貌特征:体躯呈圆筒形,头短、额宽。母牛角细向前弯曲,公牛角粗而较短,向两侧伸展,并略向外卷曲。角为白色,蹄为红褐色。胸宽、深,肋圆,背腰较短,尻平,背腰及臀部肌肉丰满。毛色由红到黄,深浅不一。口鼻、眼周围、四肢内侧及尾帚毛色较浅。成年公牛体重为950~1 200kg,成年母牛为600~800kg。

③生产性能:该牛早期生长发育快,产肉性能高,胴体质量好,眼肌面积大,前后肢肌肉丰满,出肉率高,肌肉呈大理石纹状。肉嫩,脂肪少,肉的风味好,在肉牛市场上有很强的竞争力。生长速度快,在较好的饲养条件下,6月龄公犊体重可达250kg,平均日增重1.1kg,12月龄公牛体重达525kg。该牛8月龄就可生产出大理石纹状的牛肉,屠宰率一般为63%~70%,胴体产肉率为80%~85%。

④杂交改良效果:利木赞牛性情温顺,对环境条件适应性强,耐粗饲,具有早熟、生长速度快、难产率低、适宜生产小牛肉的特点。在肉牛杂交体系中起着良好的配套作用,因毛色接近中国黄牛,比较受群众欢迎,是用于改良本地牛的主要引入品种。改良我国地方黄牛时,杂种体型改善,肉用特征明显,生长快,18月龄体重比本地黄牛高31%,22月龄屠宰率达58%~59%,既可用于开发高档牛肉和生产小牛肉,又能改善黄牛臀部发育差的缺点,是优秀的父本品种。

(3) 皮埃蒙特牛

①原产地及分布:皮埃蒙特牛原产意大利北部的皮埃蒙特地区。该品种具有"双肌"基因,是目前国际公认的终端父本,已被世界上20多个国家引进,用于杂交改良。我国从1986年以胚胎和冷冻精液的形式开始引进,之后又从加拿大引进种牛,目前主要分布在吉林、辽宁、黑龙江、内蒙古、河南、山东、山西等省、自治区。

②外貌特征:皮埃蒙特牛头较小,颈短厚,角中等大小,角形为平出

稍前弯，角尖黑色。被毛有"变色"特征，犊牛出生时为乳黄色，生后4~6月龄胎毛褪去，呈成年牛毛色。公牛性成熟后，颈部、眼圈和四肢下部为黑色，其余部位为白色。母牛为全白或浅灰色，个别牛为暗灰或暗红色，有的个体眼圈为浅灰色，耳郭四周为黑色。各个年龄段的公、母牛的鼻镜部、蹄及尾帚均呈黑色。成年公牛体重可达1 000kg以上，成年母牛为500~600kg，公犊平均初生重为41.3kg，母犊为38.7kg。

③生产性能：皮埃蒙特牛的主要优点是屠宰率、净肉率高，眼肌面积大，肉质鲜嫩，风味可口，口感优良，适于生产符合欧美市场需要的高档牛肉。生长速度居肉用品种之首。公牛屠宰适期为14~15月龄，体重可达550~600kg。母牛14~15月龄体重可达400~500kg。母牛一个泌乳期的产奶量平均为3 500kg，乳脂率为4.17%，产奶量低于西门塔尔牛，而高于利木赞牛和夏洛来牛。因此，皮埃蒙特母牛在哺育犊牛方面具有显著的优势。

④杂交改良效果：皮埃蒙特牛能适应多种气候环境，性情温顺，易于饲养管理。在我国多个省区的杂交试验中，效果良好。在河南南阳地区用以改良南阳牛，通过244d的肥育，2 000多头皮南杂交后代取得了18月龄耗料800kg、体重500kg、眼肌面积为114.1cm^{2}的良好成绩，被认为是目前肉牛终端杂交的理想父本。皮埃蒙特牛与西门塔尔牛和本地牛的三元杂交组合的后代，在生长速度和肉用体型上都有父本的特征。

(4) 南德温牛

①原产地及分布：南德温牛原产于英国的南德温郡，后引入了更赛牛的血统，又导入了印度婆罗门牛的血统，经澳大利亚专家几十年的培育形成。我国于1996年首次从澳大利亚引进南德温牛。

②外貌特征：该品种体质结实，结构匀称，体躯长而宽，胸深，四肢强健，全身肌肉丰满。角中等大，呈乳白色，角尖黑色，母牛角向上弯曲，公牛角较短并外伸，也有的无角。被毛为红色，皮肤为黄色，除乳房、尾帚及腿部有少量白色外，其他部位如有白色者即为不合格。成年公牛体重为800~1 000kg，母牛为540~630kg。

③生产性能：南德温牛具有不怕牛虻、抗病力强、体躯丰满、早熟、生长快、屠宰率高、肌肉纤维细、脂肪囤积适中、肉质鲜嫩等特点，且肌肉呈明显大理石纹状，是生产高档牛肉较好的品种。母牛护犊性能好，犊牛初生重35~40kg。在良好的饲养条件下，日增重可达1.3~1.5kg，最高可达2.3kg。年产奶量为1 500~2 000kg，高产个体可达3 300kg左右，乳

脂率达4.2%。

④杂交改良效果：该品种抗寒、耐热、适应性强，能适应中国南北各地气候，可在我国大部分地区饲养，适宜规模化牛场、专业户、农户饲养，牧区也可放牧饲养或圈养。该品种难产率低，经过辽宁、黑龙江、内蒙古、吉林、安徽、河南等近20个省、自治区的饲养实践，南德温杂交牛很少发生难产，且杂交牛生长快、肉品质好、效益高，具有较好的发展前景。

(5) 安格斯牛

①原产地及分布：安格斯牛原产于英国的安格斯和阿伯丁地区，亦称阿伯丁-安格斯牛，是英国最古老的早熟小型肉用品种之一。我国先后从英国、澳大利亚和加拿大等国引入，目前主要分布在新疆、内蒙古、黑龙江、辽宁、吉林、山东等省、自治区。

②外貌特征：安格斯牛以被毛黑色、无角为其重要的外貌特征，亦称无角黑牛。此外，还有少数红色安格斯牛，主要分布在加拿大、英国、美国。该品种头小额宽，颈短，体躯呈圆筒形，四肢短粗，全身肌肉丰满，具有典型的肉用牛外貌。皮肤松软且富有弹性，体型低矮。成年公牛体重为700~900kg，母牛为500~600kg，犊牛初生重为25~32kg。

③生产性能：安格斯牛具有良好的肉用性能。生长发育快、早熟易肥、胴体品质好、出肉率高、肌肉的大理石纹好。哺乳期平均日增重900~1 000g，育肥期平均日增重700~900g。屠宰率一般为60%~65%。

④杂交改良效果：安格斯牛耐粗饲，对环境条件适应性强，比较耐寒抗病。公牛性情温顺，母牛稍有神经质。该品种遗传稳定，繁殖性能好，极少难产。与蒙古牛杂交一代育肥期日增重较母本高13.79%。该牛杂交后代无角，便于管理，适合做山区小型黄牛的改良父本。

(6) 德国黄牛

①原产地及分布：德国黄牛也叫格菲牛，原产于德国和奥地利，以德国数量最多，由瑞士褐牛与德国当地黄牛杂交育成，原属乳肉兼用型，近几十年来趋向纯肉用选育，受到欧美一些国家的欢迎。我国从1996年开始陆续引入。

②外貌特征：德国黄牛毛色为浅黄色、黄色或淡红色，眼圈周围颜色较浅。体躯长但不宽阔，胸深，背直，四肢短而有力，后躯发育好，全身肌肉丰满，体型似西门塔尔牛，母牛乳房大，附着好。成年公牛体重为1 000~1 300kg，成年母牛为650~800kg。

③生产性能：该品种肥育性能好，体重大，比较早熟，增重快，屠宰率高，犊牛平均日增重985g，育肥期日增重1 160g，平均屠宰率为62.2%，净肉率达56%以上。该牛乳用性能好，母牛产奶量可达4 164kg，乳脂率为4.15%。繁殖性能好，难产率低。

④杂交改良效果：德国黄牛性情温顺，易于管理，耐粗饲，适应范围广，具有一定的耐热性和抗蜱性。在粗放饲养管理条件下，德杂一代黄牛与当地黄牛相比，在体型外貌、生长速度、肉用性能等方面均有显著提高。作为经济杂交的第一父本或第二父本，在辽宁、河南、广西等地试验，收到较理想的效果。

(7) 海福特牛

①原产地及分布：海福特牛原产于英格兰西部的海福特郡，是世界上最古老的中型早熟肉牛品种之一。该品种以优良的种质特性闻名于世，被广泛引入许多国家，我国引入的海福特牛主要分布于东北、西北地区。

②外貌特征：该牛具有典型的肉用牛体型，分有角和无角两种，有角牛的角向两侧伸展。体型较小，头短额宽，颈粗短，多肉，垂皮发达，体躯圆筒状，腰宽平，臀宽厚，肌肉发达，四肢短粗。毛色橙黄或黄红色，有"六白"（头、颈下、鬐甲、腹下、尾帚和四肢下部为白色）的特征，鼻镜粉红色。成年公牛体重为850～1 100kg，成年母牛为600～700kg，犊牛初生重为28～34kg。

③生产性能：海福特牛增重快，肉质柔嫩多汁，肌肉呈大理石纹状，屠宰率一般为60%～65%。7～8月龄日增重800～1 300g，9～12月龄日增重可达1 400g，周岁重达410kg。

④杂交改良效果：该牛耐粗饲，不挑食，耐寒耐暑，适合放牧饲养，对环境条件适应性强。繁殖力强，性情温顺，容易管理。与我国黄牛杂交效果好，杂交后代体格加大，体型改善，具有明显的杂种优势。一般用作经济杂交的父本及中小型黄牛向肉用方向发展的改良者。

20.我国育成的肉牛品种主要有哪些？

(1) 夏南牛

①品种来源：夏南牛是我国育成的第一个肉牛品种。以夏洛来牛为父本，我国地方良种南阳牛为母本，经导入杂交、横交固定和自群繁育三个阶段的育种，在河南省泌阳县培育而成。2007年通过国家鉴定，农业部予

以公布。

②外貌特征：夏南牛体型外貌一致。毛色为黄色，以浅黄、米黄居多。公牛头方正，额平直，母牛头部清秀，额平稍长。公牛角呈锥状，水平向两侧延伸，母牛角细圆，致密光滑，稍向前倾。颈粗壮、平直，肩峰不明显。成年牛结构匀称、体躯呈长方形，胸深肋圆，背腰平直，尻部宽长，肉用特征明显，四肢粗壮，蹄质坚实，尾细长。母牛乳房发育良好。成年公牛体高142.5cm，体重850kg左右，成年母牛体高135.5cm，体重600kg左右。

③生产性能：夏南牛生长发育快。在农户饲养条件下，公、母犊牛6月龄平均体重分别为197.35kg和196.50kg。肉用性能好，据屠宰试验，17~19月龄的公牛屠宰率为60.13%，净肉率为48.84%。

④适应性及利用：夏南牛体质健壮，性情温驯，适应性强，遗传性能较稳定，具有生长发育快、易肥育的特点。适宜生产优质和高档牛肉，具有广阔的推广应用前景。

(2) 延黄牛

①品种来源：延黄牛是我国育成的第二个肉牛品种。在吉林延边地区以延边黄牛为母本、利木赞牛为父本，在原来选育的基础上，从1979年开始，有计划地导入利木赞牛进行杂交、正反回交和横交固定培育而成，含75%延边黄牛血统、25%利木赞牛血统。2008年2月通过国家鉴定，农业部公布。

②外貌特征：延黄牛体型外貌基本一致。毛色为黄色。公牛头方正，额平直，母牛头部清秀，额平，嘴端短粗。公牛角呈锥状，水平向两侧延伸，母牛角细圆、致密光滑、外向、尖稍向前弯。颈粗壮、平直，肩峰不明显。成年牛结构匀称，体躯呈长方形，胸深肋圆，背腰平直，尻部宽长，四肢较粗壮，蹄质坚实，尾细长，肉用特征明显。母牛乳房发育良好，遗传稳定。成年公、母牛体重分别为1 061kg和629.4kg。

③生产性能：公、母犊牛初生重分别为30.9kg和28.9kg，6月龄公、母牛平均体重分别为168.8kg和153.6kg，12月龄公、母牛平均体重分别为308.6kg和265.2kg。舍饲短期肥育至30月龄的公牛，宰前重为578.1kg，胴体重为345.7kg，屠宰率为59.8%，净肉率为49.3%。

④适应性及利用：延黄牛具有体质健壮、性情温驯、适应性强、生长发育快等特点。适宜吉林、辽宁等北方地区养殖，是生产高档牛肉的良好

牛源。

21.兼用牛的外貌特征是什么？

兼用牛主要分乳肉兼用和肉乳兼用两种。前者以乳用为主，兼作肉用，后者则以肉用为主，兼作乳用。一般来说，兼用牛的体型结构介于乳用和肉用品种之间，体躯结构与生理机能既适合产奶，又具有早熟、生长速度快、易肥育等肉用牛的特点。

从整体看：体质结实，骨骼坚实而不粗大，前后躯发育匀称，各部位结合良好，全身被毛细短，肌肉丰满，体躯略呈长方形。

从局部看：头部大小适中，头颈、颈肩结合良好，前躯较发达，鬐甲宽平，胸宽深，肋骨开张。背腰平直、宽阔，腹部充实，大小适中。尻部长、宽、平，荐尾结合良好。乳房发育良好，附着紧凑，前伸后延，呈盆状，质地柔软而富有弹性，乳静脉粗长弯曲，乳头长短适中，分布均匀。四肢结实，大腿肌肉丰满，肢势端正，蹄质坚实。

22.我国饲养的兼用牛品种主要有哪些？

（1）西门塔尔牛

①原产地及分布：西门塔尔牛原产于瑞士阿尔卑斯山区，以西门塔尔平原最多，因此称为西门塔尔牛。由于该牛乳用、肉用性能都很突出，目前已成为世界上分布最广、数量最多的牛品种之一。原品种属于乳肉兼用大型品种，我国育成了乳肉兼用的中国西门塔尔牛，有些国家如美国、加拿大已向肉乳兼用方向选育。

②外貌特征：西门塔尔牛头大、额宽、颈短，角细呈白色并向外上方弯曲。颈中等长，与鬐甲结合良好。体躯长，肋骨开张，有弹性，胸部发育好，尻部长而平，四肢端正结实，大腿肌肉发达，乳房发育较好，并向后伸展。被毛为黄白花或红白花。头、腹下和尾帚多为白色，肩部和腰部有条状白毛片。成年公牛体重为1 000~1 300kg，成年母牛为650~800kg，犊牛初生重为30~45kg。公牛体高142~150cm，母牛134~142cm。

③生产性能：西门塔尔牛产奶、产肉性能均较好。欧洲各国西门塔尔牛的年均产奶量为3 500~4 500kg，乳脂率达4.0%~4.2%，4胎以上年均产奶量为5 274kg，乳脂率为4.12%；在我国，核心群年均产奶量已超过4 500kg。西门塔尔牛的产奶性能仅次于荷斯坦牛。

犊牛在放牧条件下，日增重可达800g，舍饲肥育条件可达到1 000g，1.5岁体重为440～480kg。公牛育肥后屠宰率为65%，胴体肉多，脂肪少而分布均匀。

④杂交改良效果：西门塔尔牛适应性强，耐粗饲，易饲养，饲料转化率高，遗传性能稳定。与我国黄牛杂交，杂种后代体格增大，生长快，后代母牛产奶量成倍提高，为下一轮杂交提供很好的母系。另外，对粗饲料不挑剔也是西门塔尔牛在我国利用广的原因之一。在黑龙江、辽宁、吉林、内蒙古、新疆、四川等地已发展为纯种繁育体系。2001年，中国西门塔尔牛正式通过了国家畜禽品种资源审定委员会牛品种审定委员会的审定，现已普遍推广。

(2) 中国草原红牛

①原产地及分布：中国草原红牛原产于吉林、辽宁、河北和内蒙古等地，是由引入的短角牛（乳肉兼用）与蒙古牛杂交育成的品种，为乳肉兼用型。中心产区为吉林省白城地区、内蒙古自治区赤峰市西南部县（旗）和河北省张家口地区。1988年正式命名为中国草原红牛，并制订了国家标准。

②外貌特征：该品种头清秀，大小适中，大部分牛有角，角多伸向前外方，呈倒八字形，略向内弯曲。全身被毛为紫红色或深红色，部分牛的腹下或乳房有小片白斑，眼圈、鼻镜多呈粉红色。颈宽厚，四肢端正，蹄质坚实，乳房发育较好。成年公、母牛平均体高分别为137.3cm和124.2cm，体重分别为760.0kg和453.0kg，公、母犊初生重分别为31.3kg和29.6kg。

③生产性能：据测定，18月龄的去势公牛经放牧肥育，屠宰率为50.84%，净肉率为40.95%。在放牧加补饲的条件下，平均产奶量为1 800～2 000kg，乳脂率为4.0%。肉质良好，纤维细嫩，肌间、肌束内脂肪分布均匀，呈大理石纹状，肉味鲜美。

④利用效果：中国草原红牛适应性强，耐粗放饲养管理，具有较强的恋膘性。对严寒、酷热气候的耐力很强，且抗病力强，发病率很低。该品种是肉牛繁育的良好配套系之一。

(3) 三河牛

①原产地及分布：三河牛产于我国内蒙古自治区呼伦贝尔市大兴安岭西麓的额尔古纳旗三河地区，并因此而得名，是我国培育的第一个乳肉兼用品种，为多品种杂交后经选育而成，具有丰富的遗传基础。1954年以后经过系统选育，逐步育成了现今耐高寒、耐粗饲、适应性强和易放牧饲养

的乳肉兼用品种。1982年制订了品种标准。1986年鉴定验收并命名。主要分布在内蒙古自治区的呼伦贝尔市及邻近地区的农牧场。

②外貌特征：体大结实，结构匀称，肌肉发育良好，四肢强健，肢势端正，蹄质坚实。乳房发育中等，乳头不够整齐。毛色为红（黄）白花，花片分明，头白色或额部有白斑，腹部下方、尾尖及四肢下部为白色。有角，角稍向上向前方弯曲，有少数牛角向上。成年公、母牛体重分别为1 050kg和550kg，体高分别为156.8cm和131.8cm；公、母犊初生重分别为35.8kg和31.2kg；6月龄公牛平均体重为178.9kg，6月龄母牛为169.2kg。

③生产性能：在较好的饲养条件下，年产奶量可达3 600kg，在5、6胎达到最高水平，平均乳脂率为4.1%以上。产肉性能方面，42月龄经放牧肥育的去势公牛，宰前重457.5kg，胴体重243kg，屠宰率为53.11%，净肉率为40.2%。2～3岁公牛屠宰率为50%～55%，净肉率为44%～48%。肉质良好，瘦肉率高。

④利用效果：三河牛适应性强，耐粗饲，耐严寒，抗病力强。该品种个体间差异很大，在外貌和生产性能上表现均不一致，有待于进一步改良提高。

（4）新疆褐牛

①原产地及分布：新疆褐牛原产于新疆伊犁、塔城等地区，是由瑞士褐牛及含有该牛血液的阿拉塔乌牛与当地黄牛杂交育成的乳肉兼用品种。

②外貌特征：新疆褐牛被毛为深浅不一的褐色，额顶、角基、口轮周围及背线为灰色或黄白色。体格中等，体质结实、匀称，肌肉丰满，背腰平直，胸较宽、深，腰丰满，臀部方正。头清秀、嘴宽。角中等大小，向侧前上方弯曲，呈半椭圆形。成年公、母牛体重分别为950.8kg和430.7kg，体高分别为144.8cm和121.8cm。公犊初生重为30kg，母犊为28kg。

③生产性能：新疆褐牛年均产奶量为2 000～3 500kg，个体产奶量高的可达5 162kg，平均乳脂率为4.03%～4.08%，奶中干物质为13.45%。该品种产肉性能良好，在伊犁、塔城牧区天然草场放牧9～11个月，1.5岁、2.5岁和去势公牛的屠宰率分别为47.4%、50.5%和53.1%，净肉率分别为36.3%、38.4%和39.3%。

④利用效果：该品种适应性好，耐粗饲，对严寒、酷热气候耐受力强，且发病率很低。

（5）蜀宣花牛

蜀宣花牛是以宣汉黄牛为母本，以原产于瑞士的西门塔尔牛和荷兰的荷斯坦乳用公牛为父本，从1978年开始，通过西门塔尔牛与宣汉黄牛杂交，导入荷斯坦奶牛血缘后，再用西门塔尔牛级进杂交创新，经横交固定和4个世代的选育提高，历经30余年培育而成的乳肉兼用型牛新品种。

①原产地及分布：截至2010年底，在四川省宣汉县育种区内，蜀宣花牛总存栏3万余头，包括基础母牛群8 000余头，公牛400余头，其中核心群1 300余头。目前已推广到贵州、云南、西藏、重庆、河南、福建、上海等省、市。

②外貌特征：蜀宣花牛体型外貌基本一致。毛色为黄白花或红白花，头部、尾梢和四肢为白色。头中等大小，母牛头部清秀。成年公牛略有肩峰。有角，角细而向前上方伸展。鼻镜肉色或有斑点。体型中等，体躯宽深，背腰平直、结合良好，后躯较发达，四肢端正结实。角、蹄以蜡黄色为主。母牛乳房发育良好。

蜀宣花牛母牛初配时间为16~20月龄，妊娠期278d左右。公、母牛初生重分别为31.6kg和29.6kg，6月龄公、母牛体重分别为149.3kg和154.7kg，12月龄公、母牛体重分别为315.1kg和282.7kg。成年公、母牛体高分别为149.8cm和128.1cm，体斜长分别为180.0cm和157.9cm，胸围分别为212.5cm和188.6cm，管围分别为24.3cm和18.6cm。

③生产性能：蜀宣花牛第四世代群体平均年产奶量为4 480kg，平均泌乳期为297d，乳脂含量为4.16%，乳蛋白含量为3.19%。公牛18月龄育肥体重平均达499.2kg，90d育肥期平均日增重为1 275.6g，屠宰率为57.6%，净肉率为48.0%。

④利用效果：蜀宣花牛性情温顺，具有生长发育快、产奶和产肉性能较优、抗逆性强、耐湿热气候、耐粗饲、适应高温（低温）高湿的自然气候及农区较粗放条件饲养等特点，深受各地群众欢迎。

23.中国黄牛的外貌特征是什么？

从整体看：中国黄牛被毛长而密，皮厚致密而有弹性，骨骼粗壮，筋腱发达，关节明显，皮下脂肪少。前躯发达，前胸深广，中躯较长，后躯紧凑，整个体躯侧视呈"倒梯子形"。

从局部看：中国黄牛头大，额宽，颈粗壮有力，体躯长、宽、深。鬐甲丰圆，胸围大，腹充实，尻宽长，适度倾斜。四肢强健，蹄大而圆，蹄质致密坚实，侧视前肢直，后肢适度弯曲。

24.我国黄牛五大良种是哪些?

黄牛是我国家牛的统称,泛指除牦牛、水牛以外的所有家牛。中国黄牛品种多,分布广,数量大,广泛分布于全国各地。2011年出版的《中国畜禽遗传资源志·牛志》中收录了中国黄牛品种53个。大多数黄牛品种达不到国际肉用牛的性能要求,但它是我国家牛的基础,只能在生产实践中逐步进行改良。

我国黄牛根据产地、体型大小、品种特征的不同,分为中原黄牛、北方黄牛和南方黄牛三大类型。就体型大小而言,中原黄牛最大,北方黄牛次之,南方黄牛最小。中原黄牛中的秦川牛、晋南牛、南阳牛、鲁西牛和北方黄牛中的延边牛被誉为我国黄牛五大良种。

(1) 秦川牛

①产地及分布:秦川牛产于陕西省渭河流域的关中平原地区,因"八百里秦川"而得名。其中,以渭南、临潼、浦城、咸阳、兴平、武功、乾县等地产的牛最著名。此外,在河南西部、山西南部、甘肃的庆阳地区也有分布,是我国著名的役肉兼用品种。

②外貌特征:秦川牛体质结实,骨骼粗壮,体格高大,结构匀称,肌肉丰满。毛色有紫红、红、黄三种,以紫红色和红色居多。鼻镜为粉红色。公牛头大额宽,整体粗壮、丰满,有明显肩峰,母牛头清秀,鬐甲低而薄。角短而钝,向后或向外下方弯曲。胸宽深,肋骨开张良好,背腰平直。四肢粗大,蹄质坚实,前躯发育良好而后躯发育差。秦川牛的缺点是牛群中常见有尻稍斜的个体,也有前肢外弧、后肢呈X状飞节的。成年公、母牛平均体重分别为594kg和381kg,平均体高分别为141.46cm和124.51cm。

③生产性能:秦川牛畜力大,步伐快,役用性能好。肉用性能也很突出,具有肥育快、瘦肉率高、肉质细嫩、大理石纹状结构明显等特点。在中等饲养水平条件下,18月龄公牛、母牛、去势公牛的宰前重依次为436.9kg、365.6kg和409.8kg,平均日增重相应为700g、550g和590g,平均屠宰率为58.28%,净肉率为50.5%,胴体产肉率为86.65%,瘦肉率为76.04%。

秦川牛适应性好,全国已有21个省、自治区、直辖市引入秦川牛进行纯种选育或改良当地黄牛,取得了较好的效果。秦川牛作为母本,曾与丹麦红牛、兼用短角牛、荷斯坦牛杂交,产肉、产奶性能都有所提高。由于该品种优质肉块比例大，繁殖性能好，若用作杂交母本，可生产出大量高档优质牛肉。

(2) 晋南牛

①产地及分布：晋南牛原产于山西省南部汾河下游的晋南盆地，分布较广，主产区为运城市及临汾市。在我国黄牛中属大型役肉兼用品种。

②外貌特征：该品种体型大，体质结实。母牛头较清秀，角尖为枣红色，角形较杂，乳房发育不足，乳头细小。公牛头中等大，额宽，顺风角，颈较短粗，垂皮发达，肩峰不明显。前躯发达，背平直，腰短，尻较窄略斜。毛色以枣红色居多，黄、褐色次之。鼻镜、蹄壳为粉红色。成年公、母牛体重分别为650.2kg和382.3kg，体高分别为139.7cm和124.7cm。

③生产性能：该品种役用能力强，持久力大。肉用性能尚好，在一般肥育条件下，16~24月龄屠宰率为50%~58%，净肉率为40%~50%，肥育期平均日增重631~782g；在强度肥育条件下，屠宰率、净肉率分别为59%~63%和49%~53%，平均日增重为681~961g。

该品种遗传性能稳定，适应性良好，抗病力强，主要应向肉用方向改良。

(3) 南阳牛

①产地及分布：南阳牛产于河南南阳地区，以南阳、唐河、社旗、方城等8县市为主产区。南阳牛是我国目前黄牛中体型最大的役肉兼用品种。

②外貌特征：南阳牛体格高大，体质结实，肌肉丰满。公牛以胡萝卜头角为多，母牛角细。鬐甲较高，肩部较突出。背腰平直，荐部较高。部分牛胸欠宽深，体长不足，尻部较斜，乳房发育差。毛色以黄色最多，其余为红色、草白色等，面部、腹下和四肢下部毛色浅。鼻镜多为肉色带黑点。成年公、母牛体重分别为716kg和464kg，体高分别为153cm和132cm。

③生产性能：南阳牛役用能力强，肉用性能也较好。公牛8月龄开始肥育，18月龄体重为441kg，日增重为0.81kg，屠宰率为55.6%，净肉率为46.6%；3~5岁去势公牛在强度肥育后，屠宰率达64.5%，净肉率为56.8%。肉质细嫩，肉色鲜红，大理石纹状结构明显。

南阳牛具有适应性良好、耐粗饲、肉用性能较好等特点。多年来已向全国23个省、自治区输入种牛改良当地黄牛，效果良好。

(4) 鲁西牛

①产地及分布：鲁西牛产于山东省西南部黄河以南、运河以西的济宁、菏泽两地区，以郓城、鄄城、梁山、菏泽、嘉祥、济宁等10市县为

中心产区。此外，在鲁南地区、河南东部、河北南部、江苏和安徽北部也有分布。

②外貌特征：鲁西牛体格高大而略短，外形细致紧凑，骨骼细且肌肉发达，为役肉兼用型。公牛头短而宽，角较粗，为平角或龙门角，鬐甲高，垂皮发达，肩峰高而宽厚，胸深宽，前躯发达而后躯发育较差，尻部稍倾斜，肌肉不够丰满，呈明显的前高后低体型。母牛头稍窄而长，以龙门角为主，颈细长，垂皮小，鬐甲低平，后躯较宽阔。被毛有棕色、深黄色、黄色和淡黄色，以黄色居多，具有"三粉"特征，即口轮、眼圈、腹下至股内侧呈粉色或毛色较浅。成年公、母牛平均体重分别为645kg和365kg，平均体高分别为146cm和124cm。

③生产性能：在一般饲养条件下，日增重500g以上。据测定，鲁西牛18月龄平均屠宰率为57.2%，净肉率为49.0%；成年牛平均屠宰率为58.1%，净肉率为50.7%。肉质细嫩，脂肪分布均匀，大理石纹明显。

鲁西牛耐粗饲，性情温驯，易管理，适应性好，有抗结核病及焦虫病的特性，改良效果较好，尤以利木赞牛为父本，改良其体成熟晚、日增重不高、后躯欠丰满的缺点效果明显。

(5) 延边牛

①产地及分布：延边牛产于吉林省延边朝鲜族自治州，分布于吉林、辽宁及黑龙江等省，属寒温带山区的役肉兼用品种。

②外貌特征：体格粗壮结实，结构匀称。两性外貌差别明显。公牛角基粗，向后方伸展，呈倒八字，颈短厚，肩峰隆起，肌肉发达；母牛角细长，多为"龙门角"，乳房发育良好。背腰平直，尻斜。前躯发育比后躯好。毛色为深浅不一的黄色，鼻镜一般呈淡褐色。成年公、母牛平均体重分别为465.5kg和365.2kg，平均体高分别为130.6cm和121.8cm。

③生产性能：延边牛役用力强，适于水田作业，善走山路。产肉性能良好，易肥育，肉质细嫩，呈大理石纹状结构。18月龄育肥牛平均屠宰率为57.7%，净肉率为47.2%。

延边牛抗寒性好、耐粗饲，性情温顺，抗病力强，是我国宝贵的耐寒黄牛品种。

25.我国黄牛常采用哪些方法进行杂交改良？

杂交是创造新品种和改良本地品种的重要手段，其目的是利用杂种优势,提高其生产性能。虽然我国黄牛品种在适应自然条件、耐粗饲、抗病力、役用能力等方面有其特殊的优点,但其产肉、产奶性能与专门化的肉牛、奶牛相差较大,作为役畜的作用也越来越低。加大用外来优良品种公牛对本地黄牛的改良势在必行。

我国黄牛采用的杂交改良的方法主要有级进杂交、导入杂交和育成杂交等。

(1) 级进杂交

级进杂交又称改造杂交,是以性能优越的品种彻底改造性能差的品种时常用的杂交方法。具体做法是:以优良品种的公牛与低产品种母牛交配,所产杂种母牛再逐代与该优良品种公牛交配,直至得到杂种三代及四代以上的后代。当某代杂交牛的表现最理想时,便从该代起终止杂交,以后即可在杂种公母牛间进行横交固定以育成新品种。荷斯坦牛与黄牛的级进杂交(见图2-3)。

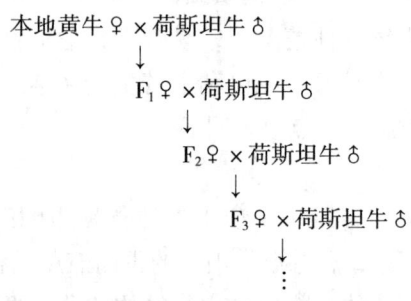

图2-3 级进杂交改良本地黄牛模式图

级进杂交改良黄牛不必追求过多的代数。实践证明,代数过高,会使杂种个体在生活力、适应性、生产性能上有所下降,效果反而不好。一般以级进3~4代为好。

这种杂交方法有时可以彻底改变黄牛原有的特性(但本地黄牛的血液不会消失)。因此,应用这种杂交方法时需格外谨慎,除欲获得与级进品种牛特性相同的杂种牛外,一般不宜采用。中国荷斯坦奶牛多数是采用这种杂交方法培育的,具有较高的产奶性能。

(2) 导入杂交

导入杂交又称引入杂交。当某个品种具有多方面的优良性状,但还存在个别较为显著的缺陷或在主要经济性状方面需要在短期内得到提高,而这种缺陷又不易通过本品种选育加以纠正时,可利用另一品种的优点,采用导入杂交的方式纠正其缺点，使牛群趋于理想（见图2-4）。导入杂交的特点是在保持原有品种牛主要特征特性的基础上，通过杂交克服其不足之处，进一步提高原有品种的质量，而非彻底的改造。引入外血一般以 1/8～1/4 为宜。

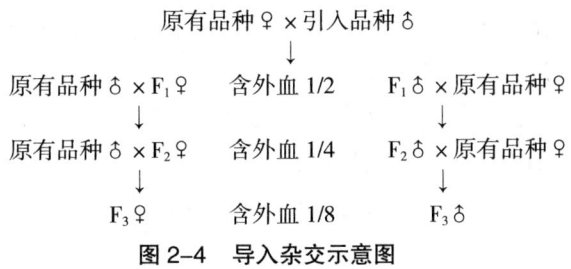

图2-4 导入杂交示意图

(3) 育成杂交

育成杂交又称创造性杂交。它是通过两个或两个以上的品种进行杂交，使后代同时结合几个品种的优良特性而培育新品种的方法。这种方法可扩大变异的范围，显示出多品种的杂交优势，还能创造出亲本所不具有的新的有益性状，提高后代的生活力，增加体尺和体重，改进外形缺点，提高生产性能。有时还可以改善引入品种不能适应当地特殊自然条件的生理特点。

育成杂交分为三个阶段。

第一阶段为杂交阶段。这个阶段主要是打破原有品种的遗传保守性，扩大变异的范围，创造形形色色的杂种，然后进行严格选择，采用异质选配、非亲缘交配和定向培育，引导杂种向预定的培养目标变异，直到获得理想型杂种为止。

第二阶段为横交阶段，即自群繁育阶段。通过杂种自群繁育，保持和发展所获得的理想型，加强遗传稳定性。此阶段即可着手建立品系。为了较快地巩固有利性状，在整个过程中可以采用亲缘选配，但必须慎重。

第三阶段为纯化阶段。此阶段的中心任务是进行品系间的杂交，创造新品种。一个新品种必须具备较多的优良品系，通过品系间杂交，综合各品系的优良品质于一体。进行品系间杂交时，要注意选配。在选配时，不但要注意配偶的体质外貌和生产性能，还要考虑杂交的亲和力，否则就不易收到预期的效果。对品系间杂交的后代也要进行严格的选种选配，加强定向培育。

26.何为轮回杂交和经济杂交？

（1）轮回杂交

轮回杂交是用两个或两个以上品种不断地轮流进行交配，其目的在于使杂交各代都保持一定的杂种优势，具有较高的生活力和生产性能，表现为初生重大，生长发育快，产肉性能好，对环境的适应性强，饲料消耗少。国外在肉牛生产中广泛采用轮回杂交。常见的轮回杂交有两品种轮回杂交和三品种轮回杂交。如西门塔尔牛与皮埃蒙特牛两品种轮回杂交模式（见图2-5）。

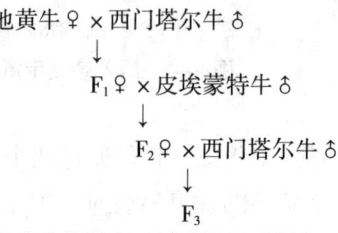

各代杂种公牛全部肥育，母牛留种或肥育

图2-5 两品种轮回杂交改良本地黄牛模式图

（2）经济杂交

经济杂交也叫生产性杂交，是采用不同品种间的公母牛进行杂交，以提高后代生产性能的杂交方法。经济杂交可以是生产性能较低的母牛与优良品种公牛杂交，也可以是两个生产性能都较高的公母牛之间的杂交。无论哪种情况，其目的都是为了利用杂种优势提高后代的生产性能，在商品肉牛生产中被广泛采用。据国外研究报道，利用品种间的杂交组合所产生的杂交后代，其产肉性能一般比纯种牛高15%左右。

①二元杂交：用两个品种的公母牛进行杂交，所产杂种一代，无论公母均不留作种用，全部作商品肉牛肥育出售（见图2-6）。一般多以本地黄牛为母本，选择理想的引入品种作父本，杂交优势率可高达20%。

$$A(♀) \times B(♂)$$
$$\downarrow$$
$$F_1$$

公、母牛全部育肥

图2-6 二元杂交模式图

②三元杂交：先用两个品种杂交，后代中公牛育肥作商品肉牛用，母牛留种后和第三个品种的公牛杂交，所产生的杂种二代，无论公母，全部育肥的方法（见图2-7）。如果品种采用适当、选育合理，三元杂交可比二

元杂交获得高出 2%~3% 的杂种优势。

$$A(♀) \times B(♂)$$
$$\downarrow$$
$$(♂育肥) AB(♀) \times C(♂)$$
$$\downarrow$$
$$F_2$$
公、母牛全部育肥

图 2-7 三元杂交模式图

27.牛的整个体躯分为哪几部分？各部位的具体名称是什么？

牛的整个体躯分为头颈部、前躯、中躯和后躯四部分，各部位具体名称见图 2-8。

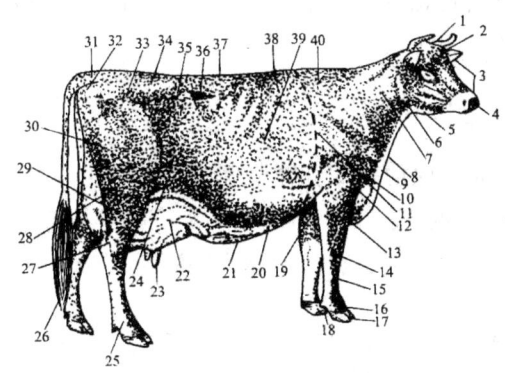

1.额顶 2.前额 3.面部 4.鼻镜 5.下颌 6.咽喉
7.颈部 8.肩 9.垂皮 10.胸部 11.肩后区 12.臂
13.前臂 14.前膝 15.前管 16.系部 17.蹄 18.悬蹄
19.肘 20.乳井 21.乳静脉 22.乳房 23.乳头 24.后肋
25.球节 26.尾帚 27.飞节 28.后膝 29.大腿 30.乳镜
31.尾根 32.臀端 33.臀角（髋） 34.尻 35.腰角 36.胁
37.腰 38.背 39.胸侧 40.鬐甲

图 2-8 牛体躯各部位名称

（1）头颈部

以鬐甲和肩端的连线与躯干分界，又分为头和颈两部分，头部以枕骨脊与颈部分界。

（2）前躯

颈之后、肩胛骨后缘垂直切线之前，以前肢骨骼为基础的体表部位，包括鬐甲、前肢、胸等部位。

(3) 中躯

肩胛软骨后缘至腰角垂线之前的中间躯干段，主要包括背、腰、腹等部位。

(4) 后躯

自腰角之后的体躯后部，是以骨盆、荐骨和后肢诸骨为基础的体表部位，包括尻部、臀部、乳房、生殖器官、后肢、尾等部位。

28.牛体尺测量的意义是什么？

体尺是牛体各部位长、宽、高和围度等的数量化指标。为掌握牛的生长发育情况和各部位发育的协调性，需要进行牛的体尺测量，并根据体尺测量的数据，矫正肉眼观察的误差。另外，可根据体尺大小来综合判断牛的生产性能或生产方向。

29.牛如何进行体尺测量？

进行体尺测量时，应使牛站在宽敞平坦的场地上，肢势端正。后望后腿掩盖前腿，侧望左腿掩盖右腿，四蹄平行，头自然前伸，不偏向左右，不高抬也不低垂。下面介绍一般常用体尺的测量方法（见图 2-9）。

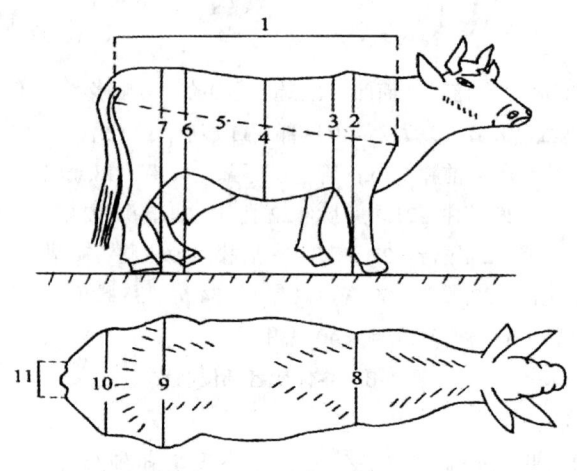

1.体直长　2.体高　3.胸深　4.腹围
5.体斜高　6.十字部高　7.荐高　8.胸宽
9.腰角宽　10.髋宽　11.臀端宽

图 2-9　牛体尺测量部位

(1) 体高

自鬐甲最高点到地面的垂直距离，亦称鬐甲高。

(2) 体斜长

肩端前缘（肱骨突）至同侧臀端后缘的直线距离。

(3) 体直长

分别从肩端前缘（肱骨突）和臀端后缘向地面引垂线，两垂线间的水平距离。

(4) 胸围

肩胛骨后缘绕体躯一周的垂直周径。

(5) 管围

前肢管部上 1/3 处（最细处）的水平周径。

(6) 腰高

亦称十字部高，为两腰角连线中点至地面的垂直高度。

(7) 胸宽

肩胛骨后缘胸部最宽处左右两侧间的距离（左右第六肋骨间的最大距离）。

(8) 胸深

沿肩胛骨后缘，从鬐甲后部到胸骨之间的垂直距离。

(9) 腰角宽

两腰角外缘隆凸间的距离，即后躯宽。

(10) 坐骨宽

也称臀端宽或尻宽，为两臀端外缘间的宽度。

(11) 臀长

又称尻长，为腰角前缘至臀端后缘间的距离。

(12) 后腿围

后肢膝关节处的水平周径。主要用于肉牛的测量。

30.如何估测牛的体重？

体重是牛培育的一项重要指标，它可以了解牛的生长发育情况，并以此作为配合日粮的依据。

体重估测是根据牛的体重与体尺的关系计算出来的。由于牛的品种、类型、年龄、性别、膘情等不同，很难找出一个统一的估重公式，应根据实际情况分别应用。一般误差不超过5%即认为是精确的,误差超过5%则不能使用。下面是几种不同类型牛的估重公式,可供参考。

(1) 乳用牛或乳肉兼用牛估重公式

体重（kg）=〔胸围（m）〕² × 体斜长（m）× 90

(2) 肉用牛估重公式

体重（kg）=〔胸围（m）〕² × 体直长（m）× 100

(3) 黄牛估重公式

$$体重（kg）= \frac{〔胸围（cm）〕^2 × 体斜长（cm）}{10\ 800}$$

(4) 水牛估重公式

体重（kg）=〔胸围（m）〕² × 体斜长（m）× 80+50

(5) 牦牛估重公式

体重（kg）=〔胸围（m）〕² × 体斜长（m）× 70

31.如何根据牙齿鉴定牛的年龄?

牛的牙齿依出生的先后顺序分为乳齿和永久齿（恒齿）。先出生的是乳齿,随着年龄的增长,逐渐脱落换生永久齿。乳齿为10对共20枚,无后臼齿,永久齿为16对共32枚。永久齿排列形式见图2-10。

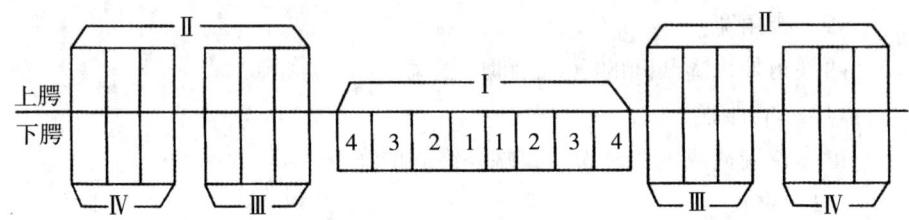

Ⅰ.门齿（切齿） Ⅱ.臼齿 Ⅲ.前臼齿 Ⅳ.后臼齿
1.钳齿（第一对门齿） 2.内中间齿（第二对门齿）
3.外中间齿（第三对门齿） 4.隅齿（第四对门齿）

图2-10 牛永久齿排列模式图

在鉴定牛的年龄时,必须将乳齿与永久齿加以区别（见表2-1）。

一般犊牛在出生时就有1对乳门齿,有时是3对。出生后5~6d或半个月左右出生最后1对乳门齿。3~4月龄时,乳隅齿发育完全,全部乳门齿都已长齐而呈半圆形。乳门齿从18月龄开始脱落,换生永久齿。更换的顺序是从钳齿开始,最后是隅齿。门齿更换齐全后,又逐渐磨损,最后脱落。所以，由门齿的更换和磨损就可以大致判断牛的年龄（见表 2-2）。

表 2-1　乳齿与永久齿的区别

区别项目	乳齿	永久齿
色泽	白色	齿冠乳黄色，齿根棕黄色
齿颈	明显	不明显
数量	20 枚	32 枚
性状	齿冠小而薄，有齿间隙	齿冠大而厚，无齿间隙
齿根	插入齿槽较浅，附着不稳	插入齿槽较深，附着很稳定
排列	排列不太整齐，齿间空隙大	排列整齐，齿间紧密无空隙

表 2-2　牛门齿的换生与磨损规律

年龄	门齿变化情况
1.5～2 岁	第一对乳门齿脱落换生永久齿
2.5～3 岁	第二对乳门齿脱落换生永久齿
3.5～4 岁	第三对乳门齿脱落换生永久齿
4.5～5 岁	第四对乳门齿脱落换生永久齿
5～6 岁	前三对永久齿重磨，第四对也出现磨损
7～8 岁	第一对门齿齿面由横椭圆形变成方形
8～9 岁	第二对门齿齿面由横椭圆形变成方形
9～10 岁	第一对门齿齿面由方形变成圆形，第三对门齿齿面由横椭圆形变成方形
10～11 岁	第一对门齿齿面由圆形变成三角形，第四对门齿齿面由横椭圆形变成方形

牛的门齿从中间到两侧的脱换时间相差 1 年，故外侧 1 对牙齿的形状变化比中间牙齿晚 1 年。前臼齿虽然也更换，但观察臼齿比较困难，故在判断牛的年龄时，一般不考虑臼齿的变化。

模块三

牛的繁殖技术

32.什么是牛的初情期与性成熟？

（1）初情期

初情期是指母牛第一次发情或排卵的时期，是性成熟开始的标志。此时由于其生殖器官尚未完全发育成熟，故发情表现往往不完全，表现为发情持续时间短、发情征状不明显等特点。黄牛、奶牛的初情期一般在6月龄左右。

（2）性成熟

指牛的生殖器官已发育成熟，卵巢上能产生具有受精能力的卵子，配种后可以受胎，具备了繁殖后代的能力。但此时牛体其他组织器官的发育尚未完全，不适宜配种。

性成熟年龄受品种、营养、气候环境、饲养管理等因素的影响。母黄牛、奶牛的性成熟期一般在8~10月龄，此时体重约占该品种成年母牛体重的50%。

33.什么是母牛的发情周期？

性成熟后，生殖机能正常而未孕的母牛，卵巢上出现周期性的卵泡发育和排卵变化，生殖器官及整个机体会发生一系列周期性的变化，一直到生殖机能停止为止，这种周期性的性活动称为发情周期。发情周期的计算一般指从一次发情（排卵）开始到下一次发情（排卵）开始的间隔时间。成年母牛的发情周期平均为21d，其变化范围为17~25d；一般青年母牛要比经产母牛略短，发情周期平均为20d，变化范围为18~22d；母水牛发情周期为16~25d；母牦牛发情周期为18~25d。一个发情周期通常分为发情前期、发情期、发情后期和休情期。

(1) 发情前期

发情前期是牛的发情准备期，此时母牛卵巢上的黄体进一步萎缩，新的卵泡开始发育，雌激素分泌增加，生殖道分泌物增多，但看不到有黏液流出，母牛尚无性欲表现。该期持续 1~3d。

(2) 发情期

发情期指母牛在一个发情周期中从发情开始到此次发情结束所经历的时间，又称为发情持续期。此期的长短与牛的年龄、营养状况、季节变化等因素有关，成年母牛平均为 18h，变动范围为 6~36h，育成牛为 15~16h，变动范围为 10~21h，母水牛、母牦牛为 24~48h。根据发情母牛的外部特征和性欲表现，此期又可分为发情初期、发情盛期和发情末期三个阶段。

①发情初期：卵泡迅速发育，雌激素分泌明显增多。母牛表现出兴奋不安，经常哞叫，食欲减退，产奶量下降，常有其他母牛尾随，并嗅舔发情母牛的阴唇，拒绝其他牛的爬跨。外阴部肿胀，阴道黏膜潮红，黏液量分泌不多，稀薄，牵缕性差，子宫颈口开张。

②发情盛期：在其他牛爬跨时，表现为站立不动，两后肢开张举尾拱背，接受爬跨。拴系的母牛表现两耳竖立，不时转动倾听，眼光敏锐，手触摸尾根时无抗拒表现。从阴门流出具有牵缕性的黏液，俗称"吊线"，往往粘于尾根处或臀部。阴道检查时黏液量增多，稀薄透明，子宫颈口红润开张。卵泡已突出于卵巢表面，直径约 1cm，触摸时波动感差。

③发情末期：母牛的性欲表现逐渐减退，不接受其他牛的爬跨，阴道黏液量减少，呈半透明状，混杂一些乳白色，黏性稍差。卵泡直径达 1cm 以上，触之波动感明显。

(3) 发情后期

母牛已无发情表现，排卵后卵巢形成黄体，并且开始分泌孕激素。该期持续 3~4d。

(4) 休情期

休情期又叫间情期，即一次发情结束到下一次发情开始所间隔的时间，也就是周期黄体期，卵巢上的黄体由发育转为退化，孕激素分泌量从逐渐增加转为缓慢下降。该期持续 12~15d。

34.母牛发情时有什么表现?

(1) 外阴部变化

发情母牛阴户潮红肿胀,阴唇黏膜充血,从阴道流出黏液。最初流出的黏液比较清亮,似鸡蛋清样,可拉成丝,以后逐渐变白且浓厚。

(2) 性兴奋

性兴奋是指母牛发情时引起全身精神状态的变化。母牛发情时鸣叫不安、举尾,放牧时通常不吃草而抬头游走,喜欢接近比它高大的母牛。

(3) 性行为

发情前期,母牛的性欲不明显,以后随着卵泡的发育,雌激素数量增加而逐渐明显,在牛群中常表现为爬跨,发情母牛愿意接受其他牛的爬跨而不躲避。发情母牛爬跨其他母牛时,常有滴尿,并发出低而短的呻吟,特别是青年母牛表现较明显。

35.与其他家畜相比,牛的发情有何特点?

(1) 发情持续时间短

家畜发情持续时间的长短与垂体前叶分泌的促性腺激素多少有关。母牛垂体前叶分泌的促卵泡素是家畜中最低的,具有促进卵发育和发情的作用,而母牛垂体前叶分泌的促黄体生成素又是家畜中最高的,具有促进卵泡成熟和排卵的作用。所以母牛发情持续时间短而排卵快,成年母牛发情持续时间平均为18h(6~36h)。

(2) 排卵在性欲结束之后

当母牛发情开始时,卵泡中只产生少量雌激素,性中枢兴奋,出现交配欲,当卵泡继续发育接近成熟时,产生大量雌激素,性中枢反而受到抑制,交配欲消失,但卵泡还在继续发育,最后在促黄体生成素的协同作用下排卵,此为母牛独特之处。大多数母牛排卵是在性欲结束后的8~12h。夜间,尤其是黎明前排卵较多。

(3) 子宫颈开张程度小

母牛发情期子宫颈开张的程度与马、驴、猪等家畜相比要小得多。这是由于母牛的子宫颈肌肉层特别发达,且子宫颈管道中有2~3圈环状皱褶,使得子宫颈管道很窄细且弯曲,即使在母牛发情盛期,子宫颈开张也只有3~5cm,发情后期更小。这一特点给人工授精带来困难,因此,要求人工授精员有熟练的操作技术。

(4) 生殖道排出的黏液量大

发情母牛由生殖道排出大量黏液，潴留在子宫颈外口附近的阴道里，呈透明状，黏性强，如同蛋清样。发情后期黏液量减少，变成半透明状，黏性降低并夹杂有少许乳白色黏液，最后黏液变成浓稠的乳白色糊状物。

(5) 发情结束后生殖道排血

部分母牛发情结束后，由于雌二醇在血液中的含量急剧降低，因此子宫黏膜上皮中的微血管出现瘀血，血管壁变脆而破裂，血液注入子宫腔，通过子宫颈、阴道排出体外。母牛生殖道排出血液的时间大多出现在发情结束后 2~3d。发情后的出血现象，一般育成牛占 70%~80%，经产牛只占 30%~40%。

(6) 爬跨行为

母牛有爬跨行为，一般接受其他牛爬跨的母牛是真发情，爬跨其他牛的母牛不一定是发情牛。据观察，爬跨母牛中，发情牛只占 56.7%，有 19.9%的爬跨母牛处于妊娠期。而在所有接受爬跨的母牛中，发情牛高达 98.6%，有 64.3%的母牛在夜间开始接受爬跨，其中 46.4%集中在 1：00 至 7：00。

(7) 安静发情出现率高

发情母牛中，特别是舍饲奶牛，有不少母牛卵巢上虽然有成熟卵泡，也能正常排卵受胎，但其外部的发情表现却很微弱，甚至观察不到，这就是安静发情。因此，生产上常常发生漏配，应注意细心观察。产生安静发情的原因是促卵泡素和雌激素分泌不足。

(8) 右侧卵巢排卵率高

母牛右侧卵巢较左侧卵巢上出现成熟卵泡排卵的概率高 60%左右，故右侧排卵较多。

36.母牛常有哪些异常发情现象？

母牛异常发情常见的有以下几种类型。

(1) 假发情

母牛的假发情有两种情况：一是母牛在妊娠 3~5 个月时，常有 3%~5%的母牛突然有性欲表现，爬跨其他牛或接受爬跨，但检查阴道时，子宫颈外口表现为收缩或半收缩，无黏液，直肠检查时能摸到胎泡，有人把这种现象叫"妊娠过半",即孕后发情。二是母牛有正常发情的外部表现,但其卵巢上无卵泡的发育,也不排卵。卵巢机能不全或患有子宫内膜炎、阴道炎以及营养不良的母牛常出现假发情。在生产实践中,对发情的母牛要做好发情鉴定,防止漏配或误配。

(2) 持续性发情

母牛发情的时间延续很长,超过正常范围,称为持续性发情,亦称长发情。主要有以下两种原因:

①卵泡囊肿:由于不排卵的卵泡继续增生、肿大,卵泡不断发育,不断分泌雌激素,使得母牛不停地延续发情。患牛常有慕雄狂表现。

②卵泡交替发育:由于两侧卵巢上的卵泡交替发育,此起彼伏,两侧卵泡交替产生雌激素,使母牛发情时间延长。

(3) 隐性发情

又称安静发情、暗发情或静默发情。母牛发情时,外部表现不明显或无表现,但卵巢上有卵泡发育成熟并排卵。安静发情在水牛和奶牛,特别是高产奶牛中较多,育成母牛、膘情差及老龄奶牛也易发生。营养不良,缺乏青饲料,冬季舍饲期长期运动不足,光线差,役牛特别是水牛使役过重,都会增加母牛隐性发情的比例。隐性发情牛体内雌激素往往不足,但如能及时配种,是能够受胎的。

(4) 短促发情

短促发情是指母牛发情持续时间短,通常是由卵泡生长发育过快或卵泡中途发育停止引起的。多见于奶牛。如不注意观察,往往错过配种时机。

(5) 久不发情

母牛既无发情表现,又不排卵。在严寒的冬季或炎热的夏季,这种现象在营养不良、患卵巢或子宫等疾病的母牛中较多见。患病母牛多为黄体囊肿或幼稚型卵巢,或有严重全身性疾病。对长期不发情的母牛,必须认真检查和全面分析,找出不发情的原因,采取有效的方法和措施,促使不发情母牛正常发情配种受胎。

37.母牛发情鉴定的意义是什么?方法有哪些?

母牛发情鉴定的意义在于及时发现发情的母牛,准确地把握配种时间,防止误配和漏配,减少空怀,提高受胎率。母牛发情鉴定的方法有外部观察法、试情法、阴道检查法、直肠检查法等。

(1) 外部观察法

是鉴定母牛发情的主要方法。母牛发情时表现为兴奋不安,对外界环境的变化反应敏感,东张西望,食欲减退,反刍时间减少,产奶量下降,常哞叫,频频排尿。外阴部肿胀,有黏液从阴道流出,初期量少,盛期较多,后期又减少。随着发情时间的延长,黏液由稀薄透明变为较浑浊而浓稠,常引起公牛或其他母牛尾随或爬跨。发情初期不接受爬跨;发情盛期接受爬跨且站立不动,后肢开张,举尾拱背;发情末期,虽有公牛和母牛尾随,但发情母牛不再接受爬跨,并逐渐变得安静。

(2) 试情法

利用输精管结扎、阴茎改道或切除阴茎的公牛试情。若公牛紧随母牛,且母牛接受公牛的爬跨,可确定为母牛发情。若母牛稳稳站立、叉开后腿接受爬跨时是母牛发情的盛期。为了减少公牛结扎输精管的麻烦(因为结扎输精管的公牛能将阴茎插入母牛阴道,可能引发母牛感染),也可选择特别爱爬跨的母牛代替公牛,效果更好。试情法常用于放牧的牛群。

(3) 阴道检查法

是用开膣器打开母牛的阴道,借助于光源(手电筒、额镜)观察阴道黏膜、阴道黏液及子宫颈的变化来判别母牛发情的方法。不发情的母牛阴道黏膜苍白、干涩,插入开膣器时有较大阻力,子宫颈口紧闭。发情母牛的阴道黏膜充血、潮红、湿润,阴道内有较多分泌物,有时还流出阴门外,用拇指和食指捏取阴道黏液,拉缩 7~8 次不断,子宫颈口充血、松弛、开张,外口有多量的黏液附着。此法为外部观察的辅助手段。

(4) 直肠检查法

是将手伸入母牛的直肠内,隔着直肠壁触摸卵巢,根据卵泡的发育情况判别母牛是否发情的方法。母牛发情时,子宫颈变软、增粗,子宫角体积增大,收缩反应明显,卵巢上有发育的卵泡,并呈现出波动感。

母牛卵泡发育可分为四期。第一期(卵泡出现期):卵巢稍增大,卵泡直径为 0.5~0.75cm,触摸时有软化点,波动不明显,这时母牛已开始表现发情。第二期(卵泡发育期):卵泡增大到 1~1.5cm,呈小球状,波动明显,为母牛发情最明显时期。第三期(卵泡成熟期):卵泡体积不再增大,但泡壁变薄,紧张性增强,有一触即破感,母牛发情表现消退。第四期(排卵期):卵泡破裂排卵,卵泡液流失,故泡壁变松软,成为一个小的凹陷。

因母牛发情持续时间短,生产实践中一般以外部观察法作为判断发情的主要方法。直肠检查法能准确检查母牛的卵泡发育情况,推断排卵时间。鉴定准确可靠,操作技术熟练者经常采用此法。

38.母牛何时初配适宜?

青年母牛性成熟后生殖器官已发育完全,卵巢上虽能产生具有受精能力的卵子,配种后可以受胎,但此时机体其他组织器官的发育尚未达到完全成熟,配种过早会严重影响胎儿和青年母牛自身的发育及未来的生产性能,同时降低使用年限。但也不应配种过迟,否则会减少母牛一生的产犊头数。实践证明,青年母牛体重达到成年母牛体重的70%左右时配种最适宜,即小型牛体重达250～300kg,中型牛320～340kg,大型牛340～400kg。从年龄看,黄牛一般为18～24月龄、奶牛为15～17月龄时,是对青年母牛第一次进行配种利用的适宜年龄。因此,确定牛的初配适龄应根据其年龄和体重灵活掌握(见表3-1)。

表3-1 青年牛初次配种时的理想体重和年龄

品种	体重(kg)	年龄(月)
荷斯坦牛	380	15～17
海福特牛	420	18～20
安格斯牛	350	13～14
夏洛来牛	500	17～20
西门塔尔牛	430	18～24
利木赞牛	420	20～21
夏南牛	380	16～18
延黄牛	380	13～14
地方黄牛	250	18～24

39.母牛发情后何时配种受胎率最高?怎样安排配种时间?

在母牛发情期中适时配种,可节省人力、物力和精液,并能提高受胎率。母牛发情后最适宜的配种时间取决于母牛的排卵时间、卵子到达输卵管受精部位保持受精能力的时间和精子到达受精部位保持受精能力的时间。母牛排卵一般在发情结束后10～12h,卵子在输卵管受精部位保持受精能力的时间为6～12h,精子进入母牛生殖道后到达输卵管受精部位的时间为

2~15min，保持受精能力的时间为12~24h。由此看来，在排卵前6~18h内输精或自然交配受胎率高。因为不宜掌握母牛准确的排卵时间，但根据发情时间来掌握输精时间却比较容易，因此以发情征状结束时自然交配或输精比较好，即黄牛发情开始后12~20h、水牛发情开始后24~36h为适宜配种时间。一般早上发情的母牛，当天傍晚可进行第一次配种；中午发情的母牛，可在第二天早上配种；下午发情的母牛，在第二天上午配种。间隔10~12h进行第二次配种。

40. 人工授精在养牛生产中有何重要意义？

（1）最大限度地提高优秀种公牛的利用率

运用人工授精技术，一头种公牛一次射精可配种的母牛数是自然交配的几十倍，甚至几百倍。

（2）加速品种改良

人工授精技术特别是冷冻精液的运用，极大限度地提高了公牛的配种能力，因此优秀种公牛的遗传基因迅速扩大，其后代生产性能迅速提高，加速了品种改良。

（3）大幅度减少种公牛的头数

采用人工授精技术后，由于大大提高了种公牛的利用率，因此只需保留极少数的优秀个体即可满足繁殖需要，从而可节省饲养大量公牛的饲料及管理费用。

（4）克服公、母牛体型悬殊而出现的交配困难

良种公牛一般体型较大，与本地小体型母牛交配会有很多障碍，人工授精技术的运用可克服这方面的问题。

（5）控制疾病传播

由于人工授精避免了公、母牛的直接接触，因此可以防止与性交有关的传染性疾病及其他疾病的传播。

（6）精液可以长期保存和运输

精液的保存，尤其是冷冻精液的使用，极大地提高了公牛使用的时间性和地域性，母牛配种不受地方限制，并可开展国际间的交流和贸易，以代替种公牛的引进。

41.牛的人工授精包括哪些技术环节？

（1）采精

准备好采精场地和采精台畜（活台牛或假台牛），安装好假阴道。将公牛牵至采精架，让其进行1~2次空爬跨，以提高其性欲。采精员站立于台牛右侧，公牛爬跨时，右手持假阴道，左手托包皮，将公牛的阴茎导入假阴道内。公牛的后躯向前冲即射精，随后将假阴道集精杯向下倾斜，以便精液完全流入集精杯内。当公牛下台牛时，采精人员应持假阴道随阴茎后移，将假阴道外筒的开关打开，放掉内部的温水。当阴茎自行脱出时，迅速自然地取下假阴道，立即送入精液处理室，取下集精杯，盖上集精杯盖。

采精时，需要特别注意的是假阴道内壁不要沾上水。在冬季，应避免精液温度的急剧下降，宜将采精杯置于保温瓶中或利用保温杯直接采精，以防精子因温度剧变而冷休克。

（2）精液品质的评定

鲜精液精子活力不低于0.6，精子的密度不低于8×10^8个/ml，精子的畸形率不超过15%。冻精解冻后应在38℃的条件下镜检，精子的活力不低于0.3的才可以输精。

（3）精液稀释及保存

用稀释液按比例对精液进行稀释，分常温（15~25℃）保存、低温（0~5℃）保存、冷冻（-196℃液氮）保存。

（4）输精

目前，牛的输精法主要采用直肠把握子宫颈输精法。直肠把握输精法技术性较高，比较难掌握，但操作熟练以后，可获得较好的受胎效果。同时，在输精过程中，能了解母牛内生殖器官的情况，一方面有利于准确输精，避免误配，另一方面可以及时发现母牛生殖器官的疾病，便于治疗。此外，该法所用器械的消毒和准备也较简单，故得到广泛应用。该法的操作步骤如下：在直肠内摸到子宫颈并握于手心，切勿握得太靠前而使颈口游离下垂，造成输精器不易对上颈口。同时，直肠内的手臂下压，使阴门开张，另一手持吸有精液的输精器或装有细管的输精枪，自阴门插入。插入时，先向上倾斜插入5~10cm，避开尿道口后，再水平插入至子宫颈口处，握子宫颈的手将子宫颈推向腹腔的方向，使突出阴道的子宫颈外口缩进，阴道皱褶伸展，依靠两手的协同与配合，将输精器前端插入子宫颈口内，通过2~3个较硬的皱褶后，再向外拉子宫颈使输精器顺利地插入子宫颈的深部约5cm，随即将精液缓缓注入。抽出输精器，用手顺势对子宫角按摩1~2次，但不要挤压子宫角。输精结束后，消毒输精器。

42.母牛妊娠后有哪些表现？

母牛妊娠后，首先表现出周期性发情停止，不再表现发情。性情变得安静、温驯，行动谨慎、迟缓，放牧常落在牛群的后面。妊娠3个月后，食欲增进，膘情逐渐变好，被毛光亮，腹部日益膨隆。育成牛在妊娠4~5个月后，乳房发育加快，体积增大。经产牛妊娠5个月后，泌乳量显著下降，脉搏、呼吸加快。妊娠6个月左右，在右侧腹部可触到或看到胎动。

43.母牛的妊娠期是多长时间？

从配种受精到胎儿产出的这段时间称为妊娠期。普通牛的妊娠期平均为280d，范围为270~285d；水牛的妊娠期为300~325d；牦牛的妊娠期为225~290d，平均为255d。妊娠期的长短还受品种、年龄、季节、饲养管理条件、胎儿性别和单双胎等因素的影响。一般情况下，早熟品种比晚熟品种妊娠期短，奶牛比肉牛妊娠期短，青年牛比成年牛妊娠期短，夏秋季分娩的比冬春季分娩的妊娠期短，饲养条件好的比饲养条件差的妊娠期短，怀双胎的比怀单胎的妊娠期短，怀母犊的比怀公犊的妊娠期短。

44.母牛妊娠诊断的意义是什么？

在养牛生产中，妊娠诊断尤其是早期妊娠诊断具有特别重要的意义。通过诊断，可对已妊娠的母牛加强饲养管理，以保证母体的健康、胎儿的正常发育，避免发生流产。对于配种后未妊娠的母牛，首先要找出未妊娠的原因，分析是否在配种时间、配种技术、精液品质和母牛生殖道状况等方面出了问题，以改进配种工作，及时复配，减少空怀，缩短产犊间隔，提高母牛繁殖率。对有严重生殖障碍、久配不孕、治疗效果不佳、生产力较低的个体应考虑淘汰。

45.常用的早期妊娠诊断方法有哪些？怎样诊断？

母牛的早期妊娠诊断是指配种后25~35d时进行的妊娠检查。方法主要有以下几种：

(1) 阴道检查法

可在母牛配种 30d 后用开膣器进行检查。妊娠牛阴道黏膜干燥、苍白、无光泽，插入开膣器时阻力较大，干涩感明显，且发现子宫颈口偏向一侧，呈闭锁状态，有子宫颈黏液栓堵塞子宫颈口。不孕牛阴道与子宫颈黏膜为粉红色，具有光泽。

(2) 直肠检查法

这是早期妊娠诊断最准确可靠的方法，但需要熟练的操作和丰富的实践经验。妊娠母牛的子宫颈紧锁，质地变硬，孕侧子宫角基部稍有增粗，轻轻提起置于掌心，有液体波动感。触摸时反应迟钝，不收缩或收缩微弱。在卵巢表面可触及较硬的凹凸不平的黄体，卵巢体积也明显变大；触摸非孕侧子宫角有较强的收缩力、有弹性，而非孕侧卵巢无黄体，卵巢体积较小。妊娠 40～50d 复检，两侧子宫角明显不对称，孕角变短增粗，柔软如水袋，触诊无收缩反应，可确定为妊娠。

(3) 7%碘酒法

收取配种 20～30d 母牛的鲜尿 10ml，盛入试管中，然后滴入 7%碘酒溶液 2ml，充分混合 5～6min，在亮处观察试管中溶液的颜色，呈暗紫色的为妊娠，不变色或稍带碘酒色的为未妊娠。

(4) B 型超声波诊断仪诊断法

用 B 型超声波诊断仪诊断母牛妊娠，是目前最具有应用前景的早期妊娠诊断方法。术前将母牛保定在保定架内，将尾巴拉向一侧，清除直肠内的宿粪，必要时可对母牛进行灌肠，以方便检查。使用 5MHz 的超声波探头，将探头放在手心中，在手臂和探头上涂上润滑剂，将探头送入母牛直肠内。怀孕 40d 左右的母牛，可在显示器上看到一个近圆形的暗区，即为母牛的胎泡位置，证明母牛已经妊娠。随着胎龄的增加，胎泡增大，形成的暗区也会增大。还有用 B 型超声波妊娠诊断仪的诊断方法是将探头放置在右侧乳房上方的腹壁上，探头方向朝向子宫角，通过显示屏查看胎泡大小和位置。

46.某奶牛 2017 年 3 月 26 日配种，4 月 30 日确诊已妊娠，预计何时产犊？

为了做好分娩前的准备工作，必须较准确地推算出母牛的预产期，以编制产犊计划。奶牛预产期的推算采用"月减 3，日加 6"的方法，即配种月份减去 3，配种日期加上 6 即为预产期，黄牛及肉牛的预产期比奶牛多 2~3d。

推算时，若配种月份不够减（或得数为零时），需借一年（12月份）再减；如果日期加 6 后超过 30，应减去 30，减后余数为预产日，预产月份再加 1 个月。

据此可知，预产期的月数为 3+12-3=12，日数为 26+6=32，3 月份为 31d，32-31=1，因此该牛的预产期为 2018 年 1 月 1 日。

47.母牛临产时有哪些征兆？

随着胎儿的日趋成熟，母牛体内的激素将发生一系列的变化，母牛发生相应的生理变化，主要表现在以下几个方面：

（1）乳房的变化

产前半个月左右，乳房开始膨大，到产前 2~3d，乳房明显膨大，可从前两个乳头挤出淡黄色黏稠的液体，当能挤出乳白色的液体时，将在 1~2d 内分娩。

（2）外阴部变化

从分娩前一周开始，阴唇逐渐肿胀、柔软、皱褶展平。由于封闭子宫颈口的黏液栓溶化，在分娩前 1~2d 有呈透明的索状物从阴道流出，悬垂于阴门外。

（3）骨盆部变化

临产前几天，骨盆部韧带松弛、软化，臀部有塌陷现象。在分娩前 1~2d 骨盆韧带已完全软化，尾根两侧肌肉明显塌陷，使骨盆腔在分娩时增大。

（4）体温变化

母牛在产前一周比正常体温高 0.5~1℃，但在分娩前 12h 左右，体温下降 0.4~1.2℃。

（5）行为变化

临产前母牛腹部阵痛，表现不安，食欲减退或停食，前肢搂草，常回头观腹，时起时卧，举尾，频频排尿，但量很少。此时应有专人看护。

48.怎样为妊娠母牛接产？

（1）接产前的准备

根据母牛的配种记录，结合观察到的分娩征状，在母牛预计分娩前两周将母牛转入产房。母牛入产房前,对产房进行严格消毒,地面铺上清洁、干燥的垫草,冬天还要保证产房温暖,并保持环境的安静。母牛出现临产征状时,要准备好接产的用具和药品,主要有脸盆、肥皂、纱布、药棉、剪子、缝合针线、助产绳以及碘酒或酒精等消毒剂。母牛阵缩开始时,接产人员用1%的来苏儿或0.1%~0.2%的高锰酸钾溶液清洗消毒母牛后躯,并尽量让母牛左侧躺卧在产房适当位置,避免瘤胃压迫胎儿。

(2) 接产方法

母牛分娩期要有专人值班,这在北方寒冷的冬季尤为重要。

接产人员需掌握一定的接产技术,接产不当,会加剧难产的发生,甚至会引起产道的损伤或感染。母牛的分娩属于正常的生理现象,无须过早人为干预,接产人员的职责主要是监视分娩过程,护理新生犊牛和产后母牛,发现分娩困难时给予适当的协助。母牛生产时,胎儿的两前肢夹着头先出是最佳产势,倒生时,两后肢先产出,这时应及早拉出胎儿,防止胎儿腹部进入产道后,因脐带被压在骨盆底下而造成胎儿的窒息死亡。

在分娩过程中,若胎膜已露出,胎儿的前置部位开始进入产道,这时可将手伸入产道,隔着胎膜检查胎儿的方向、位置和姿势是否正常。如果胎儿的方向、位置和姿势正常,就不需要帮助,让其自行产出;如果不正常,就应顺势将胎儿推回子宫进行矫正,这时矫正比较容易。一般在胎膜露出时,胎儿的前肢会将胎膜顶破。如果胎膜露出而未破,可用手将其撕破,让胎儿的鼻端露出,并及时清除口腔和鼻腔黏液,防止胎儿窒息。

若母牛产程较长,阵缩、努责又乏力,羊水已流尽,产道干燥,这时应实施助产。助产人员可将少许液体石蜡倒在掌心,涂于产道,再用消毒过的产科绳系住胎儿两前肢系部,并用手指擒住胎儿下颌,随着母牛的努责一起用力拉出。当胎头通过阴门时,一人用双手捂住阴唇及会阴部,避免因母牛用力努责将阴门撕裂。胎头拉出后,拉的动作要缓慢,以免发生子宫翻转或脱出。当胎儿腹部通过阴门时,将手伸到胎儿腹下,握住脐带根部和胎儿一起向外拉。

总之,在助产过程中,首先要避免胎儿窒息死亡,向外拉时,切不可用力过猛,防止胎儿被拉伤及子宫翻转脱出。同时要防止会阴撕裂,保护脐带,避免其断在脐孔内。

胎儿产出后,还需注意母牛胎衣的排出情况。胎衣排出后,要立即清除,防止母牛吃下,引起消化不良。若12h仍不见胎衣排出,应找兽医进行处理。

49.母牛的分娩过程分为哪几个阶段？

母牛妊娠期满，将胎儿、胎衣排出体外的生理过程叫分娩。分娩的动力是腹部肌肉和子宫肌肉的收缩。子宫的间歇性收缩称为阵缩，腹肌和膈肌的收缩称为努责。母牛的分娩从子宫颈口开张到胎衣排出平均为9h，这段时间内必须加强对母牛的监护。母牛的分娩过程分开口期（产前期）、胎儿产出期和胎衣排出期（产后期）三个阶段。

（1）开口期

从子宫开始收缩到子宫颈口完全开张称为开口期。开口期内母牛表现不安，食欲减退或废绝，尾根抬起，常作排尿状，脉搏达80~90次/min。此期的动力呈波浪式的子宫阵缩，平均3~5次/min。阵缩迫使胎膜和胎水进入子宫颈，使子宫颈口逐渐开张，胎儿转变成分娩时的胎位和胎势，胎儿的前置部分也开始进入子宫颈，这样使得子宫颈充分开张。此期为1~12h。

（2）胎儿产出期

从子宫颈口完全开张到胎儿排出体外称为胎儿产出期。胎儿前置部分进入产道后阵缩和努责同时进行，腹内压显著升高，使胎儿从子宫内经产道产出。在整个分娩过程中，胎头的产出较为费力。在母牛阵缩和努责时，胎儿向外鼓出，间歇时期，胎儿又稍回缩。在胎头露出阴门后，母牛稍休息，然后将胎儿产出体外。此期一般为1~4h。

（3）胎衣排出期

从胎儿产出到胎衣全部排出体外称为胎衣排出期。子宫间歇性的阵缩和几次轻微的努责使胎衣排出体外。由于牛是子叶型胎盘，属于子包母型，结合紧密，因此排出时间较长，一般为4~6h。超过12h胎衣尚未排出可视为胎衣不下，需进行处置。

50.母牛产后如何护理？

母牛产后，身体疲劳虚弱，异常口渴，这时可喂给温热麸皮盐水汤，由麸皮1.5~2kg、食盐100~150g、温热水10~15kg调成，这样有利于母牛增加腹压、恢复体力、维持酸碱平衡、暖腹充饥。

清除产房内潮湿污浊的垫草，换上干净垫草，让母牛休息，这样可有效预防母牛的产后感染。

恶露（血液、胎水、子宫分泌物等）的排出是产后母牛正常的生理现象。恶露的排出情况可反映子宫的恢复状况，产后第一天排出的恶露呈血样，以后逐渐变成淡黄色，最后变成无色透明黏液，直至停止排出。母牛的恶露一般在产后10～15d排完。恶露呈灰褐色，并伴有恶臭，且20多天不能排尽，或产后10多天未见恶露排出，是子宫内膜炎的表现，应尽早检查治疗。

产后母牛要给予易消化且富含营养的草料，每次喂量不宜过多，以免引起消化不良，经3～5d可恢复到正常饲养水平。同时要观察母牛的食欲和粪便情况。

51.初生犊牛如何护理？

初生犊牛的护理包括清除口鼻及身躯上的黏液、断脐带及喂初乳等。

犊牛产出后，应立即用毛巾或纱布将口腔及鼻腔周围的黏液擦净，以利于犊牛的呼吸。母牛产后有舔食犊牛身上黏液的习惯，可让母牛尽可能舔干犊牛，若母牛不舔，可在犊牛身上撒些麸皮引诱母牛舔干，这样可以增加母子亲和力，并有助于母牛胎衣的排出。如母牛实在不肯舔时，应尽快用抹布擦干犊牛身上的黏液，以免犊牛受凉而引起感冒。

多数犊牛生下后，脐带会自行扯断，在断端用5%的碘酒充分消毒。若未断，可在距腹部6～8cm处用手扯断或用消毒剪刀剪断，断端用5%的碘酒充分消毒，一般不需包扎，以利于干燥愈合。待犊牛能自行站立后，及时帮助其哺喂初乳。

52.假死犊牛如何抢救？

犊牛产出后，若遇假死（没有呼吸，但心脏仍在跳动），应及时进行抢救。方法有以下几种：

（1）将犊牛两后肢提起，控出咽喉部羊水，再将犊牛放在前低后高的地方，用手推拉犊牛胸腹部。

（2）用两手抱住犊牛胸部，有节律地按压、放松。

（3）用手适当用力拍打两肋以促使其呼吸。

（4）让犊牛仰卧，握住两前肢，反复前后伸屈，牵动身躯，促进犊牛迅速恢复呼吸。

（5）用棉球蘸上碘酒或酒精滴入鼻腔刺激呼吸。

53. 什么是同期发情？如何进行？

同期发情是指通过激素药物处理，将处于自然发情状态的一群母牛的发情周期进程调整为同步，使其在预定的时间内集中发情，人为地造成发情的同期化。实施同期发情可使牛群一系列繁殖生产过程，如配种、妊娠、分娩、犊牛培育、断奶等相继得到同期化，有利于节省劳动力和时间，便于人工授精技术的普及和推广，也便于在养牛生产中推行机械化和集约化管理。牛同期发情处理方法主要有三种。

（1）阴道栓塞法

将浸以一定量孕激素溶液的海绵塞置于阴道深处子宫颈口附近，药物被慢慢吸收，放置 14~16d 取出，取塞当天肌注 PMSG 1 000IU，用药后母牛 2~4d 内出现发情。

（2）埋植法

将一定量的孕激素或混以消炎粉的孕激素装入有很多小孔的塑料细管（长 15~18mm，外径 3mm，内径 2mm）中，或将药物装在有微孔的硅胶管中，用埋植器将管埋入耳背皮下，管内药物经管壁小孔被组织吸收，经 12d 从切口处取出。取出当天，肌注 PMSG 1 000IU，取管后 2~4d 母牛出现发情。

（3）前列腺素（PGF2α）法

子宫内注入 PGF2α 1~2mg 或肌注 PGF2α 20~30mg，同时肌注 PMSG 1 000IU。通过同时用药同时溶解黄体的办法，达到同期发情的目的。

用于同期发情的激素类药物种类很多，效价不尽相同，应根据使用说明中的用量，考虑体重灵活使用。

54. 什么是诱发发情？

诱发发情俗称催情，是指借用外源激素或其他方法诱发处于乏情状态的母牛表现正常发情，亦称诱导发情。生产中多采用三合激素、促性腺激素释放激素，活化乏情母牛性机能，促进母牛发情。也可采用雌激素，使母牛产生求偶欲，启动性机能。对于因持久黄体而长期不发情的母牛，可采用注射 PGF2α 或其类似物，使黄体消退，引起发情。

55.什么是胚胎移植?

胚胎移植是将良种母牛的早期胚胎取出,或者是由体外受精及其他方式获取的胚胎(体外胚),移植到同种的生理状态相同的健康母牛体内,使其继续发育成为新的个体,俗称借腹怀胎。提供胚胎的母体称为供体。接受并孕育胚胎的母牛叫受体。胚胎移植是一种使少数优秀供体母牛产生较多的胚胎给多个受体母牛妊娠、分娩,增加良种后代的一种先进繁殖技术。如果说牛的人工授精技术极大地提高了良种公牛的配种效率,那么牛的胚胎移植技术则大大提高了优秀母牛的繁殖潜能。实施胚胎移植技术,有利于加快良种牛的扩大繁殖步伐,缩短牛的育种间隔周期,改善牛群质量,保存家畜优良的种质资源,实现较好的经济效益。近年来,胚胎移植已在生产中被广泛应用。

56.胚胎移植的技术操作规程是什么?

(1)技术人员的要求

必须掌握胚胎移植各环节的技术操作要领,具有丰富的经验。同时,熟悉直肠检查、繁殖管理、供体牛、受体牛的饲养管理等基本技术。

(2)供体牛的选择

选择体格健壮、健康无病、无繁殖障碍、性周期正常、生产性能高的优秀母牛作为供体牛。

(3)超数排卵处理

确认供体牛发情周期,在发情后的15~18d间,使用FSH和PG激素,每天2次对供体牛进行肌肉注射,促进其产生超数排卵。

(4)人工授精

经过超数排卵处理的供体牛发情后,选取优秀种公牛的精液进行人工授精,冻精在38℃温水中融解后注入子宫体内。授精过程要注意清洁、无菌,防止子宫内部污染。

(5)采胚技术

采取非手术胚胎回收方法。准备好灌流液和消毒好的器械,将供体牛保定并将后躯洗净,直肠检查诊断卵巢,将尾部麻醉和固定,除去子宫颈内黏液,采用灌流法回收胚胎。采胚结束后,向子宫内注入抗生素和激素,防止炎症、消退黄体和保持子宫良好的形态。

(6) 胚胎检定

对回收液进行处理，滤去过多的回收液后，将带沉淀物的余留回收液移入培养皿中。在实体显微镜下，检索回收胚胎，将胚胎移入保存液中进行清洗，在倒立显微镜下进行胚胎发育状况鉴别，将发育良好的胚胎选出供移植用。可鲜胚移植，也可制成冻胚保存。

(7) 受体牛的选择

选择正常发情、人工授精受胎好、体格大而健壮、无繁殖障碍疾病、哺育能力好的母牛作为受体牛。

(8) 同期发情处理

确定受体牛发情周期，利用药物对受体牛进行处理，使供体牛与受体牛的发情日差控制在1d左右。在移植前，要对受体牛做黄体检查，对受体牛黄体的形态、大小、弹性进行综合判断，并做好记录。

(9) 胚胎移植

①冻胚的融解和药物的除去：将冻胚移放入37℃的温水中融解，采用"一次性稀释法"或"梯度稀释法"除去细管内的冻胚的抗生素和防冻液。

②移植器具和药物准备：备好移植用器具，并消毒。特别是移植器的外筒、外鞘和内芯要彻底消毒，并保持37℃左右的温度。

③受体牛移植前的准备：将受体牛保定，清空直肠内粪便，进行尾部麻醉，清洗消毒外阴部并擦干。

④移植：将移植器轻缓地插入有黄体一侧的子宫角深部，将胚胎注入。

(10) 胚胎移植后，注意观察受体牛的状况，确认怀孕后，要加强妊娠期的饲养管理，使胎儿正常发育和分娩。

57.衡量母牛繁殖力的指标有哪些？

为提高牛群的繁殖力，应及时记录牛群繁殖资料，并定期统计、整理和分析，以便及时发现问题，进而采取措施。常用衡量母牛繁殖力的指标有以下几个：

(1) 发情率

是指发情的母牛数占应发情的适龄母牛数的百分率。它表明母牛群的发情是否正常。

$$发情率 = \frac{发情母牛数}{应发情的适龄母牛数} \times 100\%$$

(2) 受配率

是指受配母牛数占适龄母牛数的百分率。它表明牛群配种工作的好坏。

$$受配率 = \frac{受配母牛数}{适龄母牛数} \times 100\%$$

(3) 受胎率

受胎率是指妊娠母牛数占已配种母牛数的百分率。它表明配种的效果，是衡量繁殖技术水平和母牛群体生产成绩的重要指标，常用总受胎率和情期受胎率来表示。两项指标的统计均按繁殖年度计算。

① 总受胎率：指全年受胎的母牛数占全年已配种母牛数的百分率。此项指标反映了牛群的受胎情况，可以衡量年度内的配种计划完成情况。

$$总受胎率 = \frac{全年受胎母牛头数}{全年配种母牛总头数} \times 100\%$$

② 情期受胎率：在一定的期限内受胎母牛数占该期内总配种情期数的百分率。它在一定程度上能反映输精的效果和配种的技术水平。

$$情期受胎率 = \frac{受胎母牛数}{配种情期总数} \times 100\%$$

(4) 分娩率

是指实际产犊母牛数占受胎母牛数的百分率。它反映保胎工作的好坏。

$$分娩率 = \frac{实际产犊母牛数}{受胎母牛数} \times 100\%$$

(5) 犊牛成活率

是指犊牛断奶时成活的头数占初生时活犊牛数的百分率。它反映犊牛培育的水平。犊牛断奶的时间一般按 6 月龄计算。

$$犊牛成活率 = \frac{断奶时成活的犊牛数}{初生时的活犊牛数} \times 100\%$$

(6) 繁殖率

是指年度内出生的犊牛头数（不足月的死胎、流产不计算在内）占本年度初适繁母牛头数的百分率。它可以反映牛群的增殖效率，一般在下一年初统计。

$$繁殖率 = \frac{本年度内出生的犊牛数}{本年度内初适繁母牛数} \times 100\%$$

(7) 产犊指数

又称产犊间隔，即母牛连续两次产犊的时间间隔，以平均天数表示，是牛群繁殖力的综合指标。它反映繁殖母牛的连产性优劣。

$$\text{产犊指数} = \frac{\text{每头牛连续两次产犊的间隔天数总和（天或月）}}{\text{所统计产犊母牛数}} \times 100\%$$

58. 母牛繁殖力降低的原因有哪些？

（1）营养缺乏或过量

营养对母牛的发情、配种、受胎以及犊牛成活起决定性作用。日粮中能量水平长期不足，幼龄母牛将推迟性成熟和适配年龄，缩短一生有效生殖时间，而成年母牛的发情征状不明显或只排卵而不发情。母牛产前产后能量过低，也会推迟产后发情日期。对于已妊娠的母牛，能量不足可造成流产、死胎、分娩无力或生出软弱的犊牛，母牛繁殖力降低。母牛能量过高也有碍受胎，因为多余的脂肪会沉积在生殖器官，使发情、受胎困难。

蛋白质缺乏，不但影响母牛的发情、受胎和妊娠，还会使母牛的体重下降、食欲减退，以至食入能量不足，同时导致粗纤维的消化率下降，直接或间接影响母牛的健康与繁殖。

在矿物质中，磷对母牛的繁殖力影响最大。缺磷会推迟性成熟，严重时，性周期停止。磷的食入量不足，会使受胎率降低。钙对胎儿生长是不可缺少的，补充钙质可防止成年牛的骨质疏松症、胎衣不下和产后瘫痪。钙的缺乏和钙、磷比例失调，都会直接或间接影响繁殖。此外，一些微量元素，如钴、铜、碘、锰等对牛的繁殖和健康也起着重要作用，不可缺少。

胡萝卜素和维生素 A 与母牛的繁殖力有密切的关系，缺乏时可造成流产、死胎、弱胎。母牛缺乏维生素 A，常常发生胎衣不下。

（2）饲料发霉、腐败、含有毒有害物质

饲喂腐败、发霉、有毒饲料（如棉籽饼中的棉酚，菜籽饼中的芥子糖苷等），会影响母牛受胎、胚胎发育、胎儿的成活等。

（3）管理不当

对牛群的管理利用不当，繁殖技术水平低，造成母牛繁殖力降低。乳用母牛泌乳过多或不正确挤奶，役用母牛长期过重使役，均能使性机能紊乱或受抑制，导致发情不正常、着床受胎困难，降低受胎率。自由交配或群配时，公母牛比例不当，公牛头数过少；人工辅助交配时公牛利用过度，交配不适时或公牛饲养管理不当；采用人工授精和冷冻精液时，采精、新鲜精液处理及保存各环节操作技术不过硬，或要求不严，造成受胎率下降；发情鉴定不准确导致的误配、漏配；未掌握好输精时间；输精技术不熟练；

没有对空怀、流产母牛进行检查和治疗等都会使繁殖效率下降。

(4) 气候和环境因素不宜

季节是最大的气候与环境因素，不同季节的温度、湿度、光照、饲料供应等都不同，都会影响繁殖。过高或过低的温度均不利于牛的繁殖。如在炎热夏季和严寒冬季时，牛的繁殖率最低，春、秋两季气候适宜，繁殖效率最高。冬季发情受胎少主要是由于日照短和粗料中维生素含量低。夏季的高温会使甲状腺机能不足，使甲状腺素分泌量少且发情持续期缩短，并减弱发情表现，高温明显导致胚胎死亡率增加。

(5) 疾病

对繁殖影响最大的疾病有两大类。

①传染性疾病：包括布氏杆菌病、滴虫病、支原体病及生殖道颗粒性炎症等。

②非传染性疾病：包括各种生殖道炎症，如阴道炎、卵巢炎、输卵管炎、子宫内膜炎、子宫囊肿、子宫颈炎、死胎、流产、难产及产后并发症等。

(6) 先天性和生理性的不育

脑下垂体失调，内分泌系统和神经系统紊乱，使生殖器官发育异常、性机能失调等引起先天性和生理性不孕，如子宫颈狭窄、子宫位置不正、阴道狭窄、两性畸形、异性双胎的母犊、种间杂交的后代、幼稚病（功能性不孕）等。由于遗传或高度近亲造成的早期胚胎死亡也有发生。母牛在4~6岁时繁殖力最高，以后随着年龄增长，繁殖力减退，怀孕的难度越来越大。

59.提高母牛繁殖力的措施有哪些?

(1) 加强牛的营养供给

为牛提供均衡、全面、适量的营养，满足母牛对各种营养物质的需要。对初情期的牛，应注重蛋白质、矿物质和维生素的供应，尽可能给初情期前后的母牛供应优质的青饲料和牧草。要防止牛因食用饲草饲料中的有毒有害物质而中毒。因此，在种牛的饲养中，应尽量避免使用或限量使用棉籽饼、菜籽饼。

(2) 加强管理

保持合理的牛群结构，注意种公牛的合理使用，做好母牛发情规律的记录，做好母牛的发情鉴定，适时而准确地输精。加强空怀、流产母牛的检查和治疗，配种后的母牛要检查受胎情况，以便及时补配和做好保胎及犊牛培育等工作。种用牛要注意运动，对于偏肥的牛可通过强迫运动锻炼体质。各操作环节都必须有严格的操作规程、周密的工作计划及检查制度。只有做好各个环节的工作，才能取得好的繁殖成绩。

(3) 充分利用有利的气候与环境条件

加强环境控制，保持良好的圈舍环境，尽可能避免温度过高或过低。在夏季加强防暑降温，如通风等，在冬季则应注意防寒保暖。

(4) 注重母牛繁殖疾病的防治

①对患传染病的牛，应严格执行传染病的检疫和防疫规定，及时处理。对疑因患传染病而难以怀孕或流产的牛，应尽快查明原因，采取相应措施。普及人工授精技术，输精时做好消毒工作，减少传染病的蔓延。

②对患各种非传染性疾病的牛，应根据发病的原因，从管理、药物治疗等方面着手，做好综合防治工作。

(5) 采用繁殖新技术

为提高母牛繁殖力，应推广应用适宜、成熟的繁殖新技术，如同期发情、超数排卵、胚胎移植等，诱导母牛产双胎，甚至多胎。

模块四
牛的营养与饲料

60.牛有什么采食特点?

牛无上切齿,有一个灵活、有力、表面粗糙的舌。牛采食时,依靠舌将饲料卷入口腔。摄入口腔的饲料不经充分咀嚼,匆匆吞咽进入瘤胃,因此对异物的识别能力差。

牛有竞食性,在自由采食时互相抢食。牛全天的采食时间为6~8h,放牧的牛比舍饲的牛采食时间长。当气温低于20℃时,68%的自由采食时间为白天;当气温超过27℃时,白天采食时间相对减少。天气过冷时,采食时间延长。牛一天有4个采食高峰期,即日出前不久、上午的中段时间、下午的早期和近黄昏,且以日出前不久、上午的中段时间为主。另外,牛干物质的采食量与其体重密切相关,生长肥育牛的采食量为体重的2.4%~2.8%,肥育后期牛的采食量为体重的2.0%~2.3%。

牛的采食量受多种因素的影响:饲料品质好时,采食量高;牛的生长期、妊娠初期、泌乳高峰期采食量高;环境温度较低时,牛的食量增加;环境温度高于27℃时,采食量下降。

61.根据牛的采食特点,饲喂时应注意哪些问题?

(1) 牛不能啃食过矮的牧草,牧草高度低于5cm时,牛不易吃饱。

(2) 不宜喂整粒籽实料,否则牛食入的整粒料会沉入胃底,不能返回口腔重新咀嚼,不能消化,形成过腹料而排出体外。最好将籽实料压扁、浸软或破碎后再喂。

(3) 不要喂大块块根、块茎饲料,否则易发生食道梗阻。

(4) 草料喂前要进行认真筛选,将混入的铁钉、铁丝、玻璃碎渣、塑料、有毒植物及发霉变质饲料拣出来，防止误食。牛误食铁器或玻璃会发生创伤性网胃炎、心包炎，误食有毒变质的饲料会中毒。

62.成年牛的消化特点是什么？

牛胃分为瘤胃、网胃、瓣胃和皱胃四个胃室，其中瘤胃容积最大。一般成年牛的瘤胃容积占全胃总容积的80%。瘤胃不分泌消化液，但胃壁强大的肌肉能强有力地收缩而使瘤胃进行节律性蠕动，以搅拌和糅糊食物。同时，瘤胃内有大量微生物，对营养物质的分解、合成起着极其重要的作用。所以说，牛瘤胃是一个高度自动化的"饲料发酵罐"，具有贮存、加工和发酵饲料的功能。瘤胃内微生物分泌的纤维素酶可以对纤维素进行分解发酵，使纤维素变成易被牛吸收的挥发性脂肪酸。瘤胃细菌可将饲料中的蛋白质和非蛋白氨化物降解为氨，这些细菌再利用氨和碳水化合物提供的碳架合成氨基酸，进而合成微生物蛋白质。微生物蛋白质进入皱胃和小肠后被消化为氨基酸，被牛体吸收利用。瘤胃内细菌还可降解脂肪，对不饱和脂肪酸进行氢化，使不饱和脂肪酸变为饱和脂肪酸。瘤胃内还有合成维生素的细菌，可以合成大量的B族维生素和维生素K。饲料中70%～85%的可消化干物质、50%的粗纤维在瘤胃被消化，50%～70%的蛋白质在瘤胃被降解。

其次，反刍是牛特有的消化行为，牛通过反刍调节瘤胃代谢。食物在瘤胃内经过一段时间的浸泡和软化，再逆呕返回口腔，重新咀嚼并混入唾液后再咽下，这个过程叫反刍。牛进食30～60min后开始反刍，每次反刍40～50min，休息一段时间后再次反刍。健康的成年牛，一昼夜反刍6～8次。因此，必须给牛足够的休息时间，以保证其正常的消化机能。犊牛大约在生后第3周出现反刍，如果能尽早地训练犊牛采食植物性饲料，可以促进其反刍，促进瘤胃微生物的滋生，提高消化机能，有利于其生长发育。

饲料在瘤胃发酵过程中会产生多种气体，主要是二氧化碳、甲烷和氨等，气体刺激瘤胃壁的压力感受器，引起瘤胃由后向前收缩，压迫气体经食管由口腔排出，这一过程称为嗳气。在嗳气过程中，部分气体会通过喉头转入肺，其中某些气体可被吸收入血，进而可能影响奶的气味。牛平均嗳气17～20次/h。

63.犊牛的消化特点是什么？

犊牛的消化与成年牛显著不同。犊牛初生时，瘤胃容积很小，机能不发达，皱胃的容积相对较大。瘤胃、网胃和瓣胃的总容积仅占全胃总容积的30%，而皱胃容积占全胃总容积的70%。犊牛初生时，缺乏胃液分泌反射，直到吸吮初乳后，刺激皱胃，开始分泌胃液，才初步具有消化机能，但仍不能消化植物性饲料。此时皱胃中胃蛋白酶作用很弱，仅有凝乳酶参与消化，而瘤胃、网胃和瓣胃是不具有消化能力的，也无微生物存在。犊牛出生1~2周后，由于采食饲料和饮水，微生物经口腔进入前胃并栖居繁殖，到3~4月龄时，瘤胃内才出现微生物区系。此后，瘤胃迅速发育，容积增大，4月龄时，瘤胃容积占成年牛瘤胃容积的80%，12月龄时，瘤胃容积接近成年牛水平。犊牛出生大约第3周出现反刍，腮腺能分泌唾液，犊牛开始选食饲料。如果早期喂给犊牛植物性饲料，可以促使瘤胃发育，促进瘤胃微生物的繁殖，而瘤胃内发酵产物对瘤胃黏膜乳头的发育也有刺激作用。

食管沟是牛网胃壁上自贲门向下延伸到网瓣口的肌肉皱褶。哺乳期犊牛在吸吮乳头的刺激作用下，食管沟闭合，形成一中空闭合的管道，乳绕过瘤胃和网胃，直接进入瓣胃和皱胃进行消化，此过程称为食管沟反射。食管沟反射避免了乳进入瘤胃和在瘤胃中发酵产生消化障碍。在人工哺乳时，应注意不要让犊牛吃奶过快以超过食管沟的容纳能力，导致乳汁进入瘤胃，引起不良发酵。

64.牛的营养需要有何特点？

牛作为反刍动物，特有的消化生理特点决定了其与其他畜禽不同的营养需要特点。

(1) 水

水是生命活动的基本营养物质。牛需要的水来自饮水、饲料水和代谢水。在生产实践中，牛的需水量受气温、饲料类型、产奶量、干物质采食量、牛体生理状况等多种因素的影响。牛的饮水应主要考虑饮水量、水质和水温三个方面。一般每头牛的日需水量，奶牛为40~110L，黄牛和肉牛为25~70L。舍饲牛应保证其自由饮水，枯草期放牧的牛每日至少要饮水2次。

水质关系到牛的健康和生产，保护水源、防止病原微生物污染饮水，特别在夏季不去寄生虫虫卵孳生的水源饮水。合理选择打井位置和打井深度是保证饮水卫生的关键。夏季给奶牛提供深井凉水有利于防暑降温，但在冬季寒冷的北方，水温应保持在12℃以上。

(2) 能量

牛在维持机体正常机能和生产的过程中都需要能量，能量来源于饲料中的碳水化合物、脂肪和粗蛋白质。牛饲料中的纤维素和淀粉是牛体能量最主要、最经济的来源。碳水化合物经瘤胃微生物分解为挥发性脂肪酸（即乙酸、丙酸和丁酸），被胃壁吸收，成为牛体能量的直接来源。乙酸与丁酸有合成乳脂肪中短链脂肪酸的功能，丙酸又是合成乳糖的原料。瘤胃内未被消化的淀粉与糖，在消化道后端被分解为葡萄糖。

牛的能量指标用净能（NE）表示，奶牛用产奶净能表示，肉牛将维持和增重净能合并用综合净能表示。我国牛的饲养标准中，奶牛以奶牛能量单位（NND）来表示能量价值，即每产1kg乳脂率为4%的标准奶需要从饲料中获取3.138MJ的产奶净能，为1个NND。肉牛以肉牛能量单位（RND）表示能量价值，即1kg中等质量玉米所含的综合净能值为8.08MJ，为1个RND。

(3) 粗蛋白质

饲料中的含氮化合物统称为粗蛋白质，包括真蛋白质和非蛋白含氮物。饲料中的粗蛋白质进入瘤胃后，在微生物的作用下分解为肽、氨基酸和氨，细菌和纤毛虫利用这些物质合成菌体蛋白和纤毛虫体蛋白。这些微生物体蛋白及瘤胃内未降解的蛋白质进入皱胃和肠道后，经胃蛋白酶和肠蛋白酶的进一步分解，最终分解为氨基酸，被牛体吸收利用。所以，牛对饲料蛋白质的氨基酸组成要求不高，在蛋白质饲料缺乏的情况下，为降低饲料成本，用尿素和铵盐等非蛋白含氮物喂牛，可代替一部分蛋白质饲料。为提高饲喂非蛋白含氮物的利用率和安全性，农作物秸秆氨化技术、脲酶抑制剂和尿素包被技术得到广泛应用。

(4) 矿物质

矿物质是牛体组织器官的重要组成成分，并参与机体的物质代谢，调节体液。有多种矿物质不但参与酶、氨基酸和维生素的合成，还与神经、肌肉的兴奋性有关。矿物质元素在体内不能互相转化或替代，日粮中缺乏或比例不当，均会影响牛体的生长发育、繁殖和生产性能。

在牛的饲养实践中，常量矿物质元素主要有钙、磷、钠、氯、钾等。我国牛饲养标准规定：维持生命基本需要时，每增重100kg体重需钙6g、磷4.5g、氯化钠3g，每生产1kg标准奶需钙4.5g、磷3g、氯化钠1.2g。可通过直接给牛饲喂食盐补充钠和氯,饲喂量为日粮干物质的0.15%~0.25%或混合精料的0.5%。

微量矿物质元素主要有铁、铜、钴、硒、碘、锰、锌等。微量元素缺乏症常呈地域性分布的特征,常用微量元素添加剂来补充,可购买成品的微量元素预混料,也可制成微量元素舔砖或配制成牛用复合盐。常用的原料有硫酸铜、硫酸锌、硫酸亚铁、氯化钴、硫酸锰、亚硒酸钠、碘化钾等。在配合牛日粮时补充微量元素,一般不考虑饲料中微量元素的含量。

(5)维生素

维生素是牛维持正常生命活动不可缺少的一大类有机营养物质,可分为脂溶性维生素(包括维生素A、维生素D、维生素E、维生素K)和水溶性维生素(包括B族维生素、维生素C、胆碱等)两类。牛瘤胃内的微生物能合成B族维生素和维生素K,成年牛在正常情况下,不会发生B族维生素和维生素K的缺乏,主要应注意补充维生素A、维生素D、维生素E,对瘤胃功能尚不健全的犊牛应考虑补充B族维生素和维生素K,可通过饲喂含相应维生素的预混料来补充维生素。另外,饲喂玉米、胡萝卜可补充维生素A,增强牛的运动和接受阳光的照射可补充维生素D,补充亚硒酸钠维生素E合剂可有效预防白肌病及犊牛猝死。

65.牛的日粮配合应遵循哪些原则?

(1)依据饲养标准确定营养指标

在配合牛的日粮时,必须选择与所饲喂的牛种类、性别、体重、妊娠月份、增重指标、产奶量、乳脂率等相适应的饲养标准,确定营养指标,计算营养需要量,然后根据饲喂效果适当调整。

(2)注意日粮的全价性和营养的平衡

首先满足牛对能量的需要,其次考虑粗蛋白质的需要量,最后考虑矿物质钙、磷和食盐的需求。维生素和微量元素可考虑用添加剂(预混料)补充。

(3)以青、粗饲料为主,适当搭配精饲料

牛可大量利用青、粗饲料,奶牛饲粮中粗纤维含量要占日粮干物质的15%~20%,粗饲料应有2~3种,精饲料应有3~5种,还可配合一些糟渣类饲料。饲料组成应保持相对稳定。

(4)日粮的体积和浓度要合理

日粮既要能满足营养需要,又要注意干物质的含量和体积,使牛既能吃得下，又能吃得饱。

（5）注意日粮的质地和品质

选用的饲料品质应良好，无毒、无害，不含杂质异物，不发霉，不变质，适口性好，符合饲料质量标准和卫生标准。

（6）尽量降低日粮成本

饲料费用占养牛业总费用的70%左右，所以在配合日粮时，要尽量选用营养丰富、质量稳定、价格低廉、资源充足、当地产的饲料，并尽可能利用当地的农副产品，以降低日粮成本。

66.国际分类法将饲料分为哪几类？

饲料分类的方法较多，目前比较科学的方法是国际分类法。它是按照饲料的营养特性，将饲料分为八大类，即粗饲料、青绿饲料、青贮饲料、能量饲料、蛋白质饲料、矿物质饲料、维生素饲料和饲料添加剂。

67.粗饲料的营养特点是什么？

干物质中粗纤维含量大于或等于18%，自然含水量小于45%的饲料统称为粗饲料。主要包括农作物的秸秆、秕壳，枯草期牧地的牧草，青干草、干树叶等。这类饲料的特点是体积大，粗纤维含量高，蛋白质含量差异大，钙、钾和微量元素含量较高，但磷的含量较低。调制好的优质青干草是牛最好的粗饲料。农作物秸秆中以玉米秸最好，小麦秸最差（春小麦秸比冬小麦秸好），喂牛前应进行氨化处理，以提高消化率和营养价值。

68.青绿饲料的营养特点是什么？

青绿饲料是指含水量60%以上、富含叶绿素、处于青绿状态的植物性饲料。主要有天然牧草，人工种植的牧草，叶菜类，嫩绿树叶以及浮萍、水葫芦等水生植物。这类饲料含水量高，含有丰富的优质粗蛋白质，维生素、矿物质含量高，无氮浸出物含量丰富，粗纤维含量低，钙、磷比例适宜，富含铁、铜、锰、锌等微量元素，但钠、氯含量不足，适口性好，消化率高，对牛的生长、繁殖、泌乳都有良好的作用，是牛理想的饲料。

青绿饲料长时间堆放，腐败发霉，易产生亚硝酸盐而导致中毒。高粱苗、玉米苗、马铃薯幼芽、三叶草等青绿饲料堆放发霉或霜冻枯萎易引起牛氰化物或氢氰酸中毒。新鲜的高粱苗、玉米苗也会导致牛中毒。草木樨发霉腐败也易引发牛中毒。生产实践中要特别注意防止中毒的发生。

青绿饲料种类多，喂牛时要调节蛋白质与能量的平衡，科学利用。

69.青贮饲料有何营养特点？

青贮饲料是将青绿的玉米植株或其他青绿饲料切碎后装填到青贮窖（池、塔、壕或塑料袋）内，在厌氧的条件下经乳酸菌发酵，使pH下降到3.8~4.2，抑制腐败菌的繁殖，进而调制的多汁饲料。含水量在50%~55%的青贮饲料称为半干青贮。

青贮饲料的营养价值因原料种类、利用时间、是否带穗而有很大的差异，其共同的特点是尽可能地保持了青饲料原有的营养特性，气味酸香、柔软多汁、粗纤维质地变软、适口性好、易于消化，是寒冷地区冬春季节奶牛的主要饲料。在配合牛的日粮时，与干草、秸秆等共同组成基础饲料。据调查，饲喂普通秸秆时，奶牛单产只能在4 000kg左右，饲喂秸秆青贮时，单产约为5 000kg，饲喂全株玉米青贮时奶牛单产很容易达到6 000kg。

70.什么是能量饲料？

能量饲料是指饲料干物质中粗纤维含量小于18%，粗蛋白质含量小于20%，1kg饲料含消化能在10.46MJ以上的饲料。禾本科籽实是牛主要的能量饲料，也就是人们通常说的精饲料。

禾本科籽实的干物质中以无氮浸出物（淀粉）为主，占干物质的70%~80%，粗纤维含量小于6%，粗蛋白质含量一般在10%左右，脂肪含量为2%~5%，脂肪酸为不饱和脂肪酸；钙少磷多，含有较丰富的维生素B_1和维生素E，缺乏维生素D；除黄玉米外，均缺乏胡萝卜素。牛主要的禾本科籽实饲料是玉米、高粱、大麦、燕麦等。被称为"饲料之王"的玉米富含淀粉，能量值高，适口性好，消化率高，是牛的主要能量饲料。

71.什么是蛋白质饲料？

蛋白质饲料是指饲料干物质中粗纤维含量小于18%，而粗蛋白质含量大于或等于20%的饲料。如豆科籽实及其加工副产品饼粕类，以及工业合成的氨基酸和饲用非蛋白氮等。蛋白质饲料也是精饲料。

72.什么是矿物质饲料？

矿物质饲料是指天然和工业合成的含矿物质丰富的饲料，主要用于补充钙、磷、钠、钾、镁、氯等。常用的矿物质饲料有石粉、碳酸钙、磷酸钙、磷酸氢钙、食盐、硫酸镁等。

73.什么是维生素饲料？

维生素饲料是指由工业合成或提纯的单一或复合的维生素制剂，但不包括富含维生素的天然青绿饲料。由于维生素饲料在日粮中添加的量少，故通常不单独饲喂，一般将其加入饲料添加剂中一起补充。

74.在养牛生产中，如何科学利用牛的饲料添加剂？

牛的饲料添加剂是为了补充营养物质、提高生产性能和饲料利用率、改善饲料品质、促进生长繁殖、保障牛体健康而加入牛饲料中的少量或微量物质。饲料添加剂包括营养物质添加剂和非营养物质添加剂两类。营养物质添加剂主要有氨基酸添加剂、维生素添加剂和微量元素添加剂；非营养物质添加剂主要有保健助长剂（如抗生素）、瘤胃调节剂（如脲酶抑制剂、碳酸氢钠等）、饲料存储添加剂（如抗氧化剂、防霉剂、风味剂）和抗应激添加剂等。

药物添加剂曾经给畜牧业带来很高的经济效益，但随着时代的发展，其副作用日益明显。低治疗量的抗生素作为添加剂，在消灭病原菌的同时，也消灭了对机体有益的微生物，造成牛体内菌群失调，长期饲喂，还会产生抗药性，并在畜产品中残留，对公共卫生产生不良影响，直接威胁人类健康与安全。因此，滥用抗生素类添加剂，如超量添加、不遵守停药期的要求，或者非法使用如催眠镇静剂、激素或激素样物质等，都会导致这类药物在牛肉、牛奶中残留超标。

生产绿色牛肉、牛奶应尽量使用可替代抗生素、促生长激素的新型生物制剂，如益生素、酸化剂、酶制剂、酵母培养物、中草药、寡糖、磷脂类脂、腐殖酸等纯天然物质，或用低毒无残留兽药添加剂替代抗生素类添加剂。

75.在养牛生产中，如何使用尿素？

牛是反刍家畜，可利用如尿素、双缩脲、铵盐等非蛋白含氮物。1kg尿素中氮的含量约相当于6kg的大豆饼提供的氮量，可用来补充饲料中蛋白质的不足。若日粮中蛋白质含量足够，则不必饲喂尿素。

尿素的饲喂量以不超过日粮干物质的1%为宜，体重500kg左右的成年牛日喂量可达150g。饲喂尿素时，要将尿素分顿均匀地混拌到精饲料中，也可将尿素拌入青贮饲料中或将尿素水洒在干草上饲喂，还可以将尿素调制成氨化饲料饲喂牛。开始饲喂时，要由少到多逐渐加量，应有5~7d的适应期。若中途停喂，再喂时需要重新过渡。犊牛的瘤胃功能尚不健全，不宜饲喂尿素。

不能将尿素掺入生豆类、苜蓿草等含脲酶高的饲料中饲喂，也不能将尿素溶于水中饮用，或空腹饲喂，喂尿素后2h内不能饮水，以避免氨中毒。

为减缓尿素在瘤胃中的分解速度，使瘤胃内细菌有充足的时间利用氨合成菌体蛋白，提高尿素的利用率和饲喂的安全性，可在添加尿素的饲料中加入脲酶抑制剂，或用糊化的淀粉包被尿素，还可以制成尿素舔砖等。

76.牛的精饲料如何加工调制？

牛的精饲料多为禾本科和豆科植物的籽实，种皮厚、外壳硬、内部淀粉粒的结构坚硬致密，若喂前不经加工处理，会影响营养成分的消化吸收和利用。加工调制的方法主要有以下几种。

(1) 粉碎

粉碎是牛精饲料最常用的加工方法。牛的精饲料以粉碎到直径1~2mm为宜。整粒玉米难以消化而从粪便中排出。但棉籽以整粒饲喂为好，因为棉籽表层的棉纤维素在瘤胃内被消化，籽实中的蛋白质和脂肪在皱胃内被消化，可提高利用率。

(2) 压扁与糊化

将禾本科和豆科植物的籽实加热到120℃左右，压成1mm厚的薄片，迅速干燥。加热后籽实中的淀粉糊化，豆科籽实中抗营养因子也受到破坏，有利于消化吸收。

(3) 湿润与浸泡

粉尘多的饲料在喂前用少量的水湿润有利于牛的采食和消化，可预防粉尘呛入气管，同时可避免浪费。坚硬的籽实和饼类在喂前浸泡可使其变得膨胀柔软，便于采食和消化。湿润和浸泡处理要掌握好水量、水的温度及浸泡时间，否则易造成变质及营养成分损失。

(4) 制粒

按照牛的营养需要，将几种饲料按一定比例充分混合，然后用制粒机将饲料压成直径 4~5mm、长 10~15mm 的圆柱形颗粒。颗粒饲料营养齐全，饲喂方便，能充分利用饲料资源进行工厂化生产。

（5）蒸煮与焙炒

豆科籽实以蒸煮处理，可改善适口性。通过加热处理，豆科籽实中的抗营养因子失活，可提高消化吸收率。焙炒可使饲料中的淀粉转化为糊精而产生香味，将其拌入牛不爱吃的粗饲料中，能改善牛的适口性，增进牛的食欲。

（6）发芽与糖化

将禾本科籽实用温水浸泡 12~15h，摊放在木质的下面有网眼的容器内，厚度为 3~5cm，上面覆盖麻袋或炕席，经常喷洒清水以保持一定的湿度，放置在室温 20~25℃的室内，经 1 周左右即可发芽。大麦、青稞、燕麦和谷子发芽后可增加维生素的含量，尤其适合饲喂种公牛。

在磨碎的禾谷类籽实饲料中添加饲料量 2.5 倍的热水，搅拌均匀，放置在 55~60℃的环境下，约经 4h，在淀粉酶的作用下，饲料中的一部分淀粉转化为麦芽糖，饲料中的含糖量可提高 10%左右，提高了饲料的适口性。

77.如何调制青贮饲料？

青贮饲料的调制要点可概括为"六随""三要"。"六随"即随割、随运、随铡、随填、随压、随封，"三要"即要铡短、要压实、要封严。

（1）收割

优良的青贮原料是调制优质青贮饲料的基础。青贮饲料的品质除与原料种类和品质有关外，还与收获期直接相关，适时收割能获得较高的产量和营养价值。全株玉米应在蜡熟期收割，豆科牧草或杂草宜在始花期收获，禾本科牧草在抽穗期收获。青贮玉米、高粱最好采用收割、铡短、运输联合作业。青贮全株牧草采用捡拾压捆包膜机械，制成可移动的压紧的草团堆垛存放，俗称"草罐头"。

（2）切短

根据贮料含水量、质地软硬、茎秆的粗细选择铡切的长度，一般原料可切短至 1~3cm，如果植株茎秆粗硬，可使用兼有压扁或撕碎功能的机械铡切。

（3）装窖

装窖前要搞好窖内卫生，砖砌窖面周围要铺衬塑料薄膜，底部要平铺厚10cm左右的干长秸秆。逐层装填，层层压实，每层厚20~30cm。根据窖形、容积和贮量，可人工踩实，也可采用机械压实。装窖要一次完成，装填时间越短，青贮品质越好。

(4) 封窖

装满后要立即封窖。装填的贮料应高出青贮设施边缘1m左右，在上面覆盖一层10~20cm厚的长秸秆，再用塑料薄膜包封，上面覆土30~40cm。

(5) 管护

青贮窖周围1m左右要挖排水沟，以便排水。周围还应设置防护栏，避免牲畜践踏。发现窖顶下陷严重或出现漏缝要及时修补，防止漏气、渗水。

78.青贮饲料调制多少天即可取用？

禾本科牧草青贮封窖20d以上，玉米青贮和豆科牧草40d以上即可开窖取用。取用时，要用剁刀垂直切取，用多少取多少，一经开窖应连续取用，用后再用塑料薄膜盖严。

79.如何评定青贮饲料品质的优劣？

通过品质鉴定，可以判断青贮料营养价值的高低。通常采用以下两种方法。

(1) 感官评定

根据青贮饲料的色泽、气味和质地进行感官评定（见表4-1）。

表4-1 青贮饲料的品质评定

等级	颜色	气味	结构质地	饲喂
优良	绿色或黄绿色	芳香酒酸味	茎叶明显，结构良好	各个阶段的牛均可饲喂
中等	黄褐或暗绿色	有刺鼻酸味	茎叶部分保持原状	妊娠牛、犊牛不宜饲喂
低劣	黑色	腐臭味或霉味	腐烂，污泥状	任何牛不宜饲喂

(2) 化学分析鉴定

pH是衡量青贮饲料品质好坏的重要指标之一。优良青贮饲料的pH在4.2以下，劣质青贮饲料的pH在5.5~6.0之间，中等青贮饲料的pH介于优良与劣等之间。

80. 什么是全株玉米青贮饲料？

全株玉米青贮饲料就是在玉米蜡熟期将带穗的整株玉米进行轧碎青贮，通过微生物厌氧发酵和化学作用，在密闭无氧条件下制成的一种适口性好、消化率高和营养丰富的饲料，是保证常年均衡供应牛饲料的有效措施。全株玉米青贮饲料的适口性、消化率以及营养价值均显著高于去穗秸秆青贮。

81. 全株玉米青贮饲料的制作方法是什么？

全株玉米的青贮与原来的普通秸秆青贮方法基本相同。

（1）挖窖

选择土质坚实、地势高燥、背风向阳、雨水不易冲淹的地方建造青贮窖。窖形一般有圆形与长方形之分，窖壁平直光滑，不透水，不透气。窖的宽度一般应小于深度，最好为 1∶1.5~2，这样利于原料靠本身重量而压实，并能降低损耗量。窖的大小应根据青贮数量及养牛头数来决定，圆形窖的直径一般在 1.7~3m 之间，深度以 3~4m 为宜，底部呈锅底形。规模养牛场宜采用长方形窖，宽度在 1.7~3m 之间，深度以 2.3~3.3m 为宜，长度随青贮数量而定。长方形窖的角应呈圆形，以利原料的下降和压实。为减少青贮料的损失，窖底和四周应铺一层塑料薄膜。

（2）收割

全株玉米收割时要把握好收割时机，收割过早，秸秆与果穗营养不充实，且水分过大，而收割过晚，果穗坚硬，青贮后影响饲喂效果，适宜的收割期为乳熟后期到蜡熟前期，即整株含水量为 65%~70%，籽实含水量为 45%~60%（是生食或煮食的适宜期）时，此时"花须开始蔫、苞叶开始黄、掐动不出水、颗粒乳黄线 1/2"，比正常收获提前 10~15d。

（3）切碎

秸秆切短的长度一般为 1~2cm，有利于压实。

（4）压实

在装窖时一定要将青贮料压实，尽量排出料内空气，不要忽略边角地带，尽可能创造厌氧环境。

（5）密封

青贮容器不能漏水、漏气。一定要注意后期的维护工作。

82.制作全株玉米青贮饲料的注意事项有哪些？

（1）把握好收割时机，最佳时期为乳熟后期到蜡熟前期。

（2）青贮前，池底铺一层 10~15cm 的软草，以吸收压实时渗出的汁液。

（3）在调制过程中，原料要尽量铡短，装窖时踩紧压实，以尽量排除窖内的空气。

（4）原料的含水量为 75% 左右（即用手刚能拧出水而不能下滴时）时最适合乳酸菌的繁殖。青贮时，应根据玉米秸秆的青绿程度决定是否需要洒水。

（5）原料要含有一定量的糖分，大多数玉米秸秆的含糖量符合要求。

（6）窖装满后用质量好的塑料布密封，上面加土或用汽车轮胎压紧，防止进入空气和水，造成青贮料变质。

（7）青贮饲料经过 40~50d 封存后可开窖饲喂。开窖后，首先要判定青贮料品质的好坏，若呈绿色或黄绿色，有酸香味，质地软，略带湿润，茎叶仍保持原状，窖内压得非常紧密，拿到手里却松散，则品质优良，即可饲用。若已变质腐败，会有臭味、质地黏软等表现，切勿饲喂，以防中毒。开封后，不可将青贮饲料全部暴露在空气中，取完后立即封口压实。取出的青贮饲料应尽快喂完，切勿放置时间过长，以免变质。

83.什么是氨化饲料？如何制作氨化饲料？

氨化饲料是在一定密闭条件下，用氨水、液氨或尿素溶液按照比例喷洒在农作物秸秆饲料上，在常温下经一定时间的发酵处理调制而成的适用于喂牛的粗饲料。由于氨对饲料的氨化、碱化综合作用，粗饲料经氨化处理后，秸秆质地变得柔软，植物细胞壁变得蓬松，含氮量提高，且具有一定的糊香味，适口性、营养价值、饲喂安全性和消化率均有不同程度的提高，是一种理想的粗饲料加工方法。

秸秆氨化的方法有窖藏氨化、堆垛氨化或袋装氨化。窖藏氨化和袋装氨化设施的建造和处理与青贮设施基本相同。

将秸秆重 3%~5% 的尿素在水中溶解，100kg 干秸秆的用水量为 30kg，分层均匀地喷洒在秸秆上，装填一层，喷洒一层，层层压实，尽量排除其中的空气，然后用塑料薄膜密封。也可用 25% 的氨水进行喷洒，氨水用量按秸秆重的12%计算。亦可先装填秸秆，再喷洒秸秆重15%~20%的水，边装窖、边洒水，装满后将注氨管插入距窖底1m处，注入占秸秆重3%的液态氨。

在窖中、垛内或塑料袋内氨化的秸秆只要塑料薄膜不破、不漏气，就可保证其氨化成功，并可较长时间保存。因此，在氨化期间要对氨化设施经常管护，防止鼠害、人畜践踏，防止雨水渗入。氨水和液氨处理秸秆在夏季需1周，春秋季需2~4周，冬季需5~8周，尿素处理需再延长1周，就可开窖或开垛（袋）饲用。在饲喂前1~2d，取出晾晒，放走剩余的氨，大捆氨化的秸秆在喂前要铡短。刚开始饲喂时，牛大多不愿采食，可在氨化秸秆中拌入一些麸皮或加入青草诱导其采食。

氨化好的秸秆偏碱性，pH为8.0左右，有糊香味和刺鼻的氨味，玉米秸秆还略带酸香味，手感蓬松柔软，无扎手感，经氨化的优质麦秸为杏黄色，玉米秸为褐色。若色泽灰白或褐黑，无糊香味而有臭味，黏结成块，则属劣质。

84.什么是微贮饲料？如何制作微贮秸秆？

微贮饲料是采用生物发酵技术，利用有益微生物的发酵分解作用，在农作物秸秆中加入纤维素分解菌、酵母菌和有机酸发酵菌等高效复合微生物，在厌氧环境中，经发酵而制成的一种带有酸香味、牛爱吃、易于消化吸收的粗饲料。

微贮秸秆的制作步骤如下：

（1）菌种的复活

按照微贮秸秆量的需要，在一定的温度下，将菌种浸泡在一定浓度的糖液或生理盐水中，使菌种复活为菌剂。

（2）菌液的配制

将复活好的菌剂按菌种使用说明倒入等渗的盐溶液或水中，使菌剂稀释为菌液。

（3）装窖

在窖底铺一层塑料薄膜或铺10cm厚的一层长秸秆，再将铡短的秸秆铺一层，均匀洒一层菌液，然后再压实，如此重复，直到超出窖口高度50cm再封窖。菌液的喷洒量以手握紧贮料后手指间有明显的水分但又不滴水为好。

(4) 封窖

在最上层压实的贮料中 1m² 洒 250g 食盐,再盖一层长秸秆,然后用塑料薄膜封盖,并覆上 30cm 厚的土层。

(5) 开窖饲喂

封窖后 4~5 周可开窖饲喂。调制好的干秸秆微贮饲料呈金黄色,青秸秆微贮饲料为橄榄绿色,具有醇香味或果香味,质地松软湿润。如呈墨绿色、有腐败霉烂气味、手感发黏、结块,则属于劣质微贮饲料,不能饲喂。

85.怎样调制和贮藏青干草?

青干草是将牧草、饲料作物适时刈割,经自然或人工干燥调制而成的能长期储存的粗饲料。青干草是养牛业的重要饲料,适量贮备青干草对牛的安全越冬具有重要意义。在生产实践中,要想获得优质青干草,必须做到适时刈割、合理干燥、科学储存。

(1) 适时刈割

青干草的质量和产量与刈割时间密切相关。刈割的最佳时间应是牧草营养物质产量和牛对牧草的利用率最高的时候。豆科牧草一般在开花期刈割,禾本科牧草应在抽穗期收割。

(2) 合理干燥

青干草的调制主要是青绿牧草或饲料作物的干燥过程,干燥的方法有自然干燥和人工干燥两种。

①自然干燥法:就是依靠太阳光的照射,使牧草的水分含量降到 20% 以下。这种方法干燥时间长,营养损失多,质量差。常用的有地面干燥法和草架阴干法。

A.地面干燥法:青草刈割后,在原地将青草摊开晾晒,经 4~5h 暴晒,水分降到 40% 时,将青草堆成小堆,再晒 4~5d,水分降到 15%~17% 时,堆成大垛存储。为加快干燥速度,可用牧草压扁机将茎秆压裂后再干燥。

B.草架阴干法:把收割后的青草放在草棚的草架上自然晾干。这种方法可防止雨淋、地面湿度大回潮等引起的干燥时间长、营养损失多的现象。

②人工干燥法:即人为控制牧草的干燥过程,主要是加速已收割牧草的水分的蒸发。这种方法能在很短的时间内将刚收割的饲草的水分降到 40% 以下,可以使牧草的营养损失降到最低,获得高质量的干草。

A.吹风干燥法:利用电风扇、吹风机对草堆或草垛进行不加温的干燥,这种常温鼓风干燥适合牧草收获时期昼夜相对湿度低于75%、温度高于15℃的地方使用。若在特别潮湿的地方，鼓风机中的空气可适当加热，以提高干燥的速度。

B.低温干燥法：将刚收割的饲草置于较密闭的干燥间内，垛成草垛或搁置于漏缝草架上，从底部吹入50℃左右的干热空气，上部用排风扇吸出潮湿的空气，经过一定时间后，即可调制成青干草。此法适合多雨潮湿的地区或季节。

C.高温干燥法：将收割后的新鲜饲草切短，随即用烘干机在50～80℃下烘5～30min，使牧草水分含量降至17%以下，即调制成青干草。

除了用以上所述的热风或热空气使牧草快速干燥外，还有一些物理和化学的方法也可使收获了的牧草快速脱水干燥，以降低牧草营养物质的损失。目前应用较多的物理方法是压裂草茎干燥法，化学方法是用添加干燥剂来进行干燥的方法。

D.压裂草茎干燥法：整株牧草干燥所需要的时间与牧草茎秆的水分蒸发有直接关系，因为叶片干燥的速度快，茎秆的干燥时间慢。如豆科牧草，当叶片水分降到15%～20%时，其茎秆的水分含量为35%～40%。为了使牧草茎叶干燥保持一致，减少叶片在干燥中的损失，常利用牧草茎秆压裂机先将茎秆压裂、压扁，加快茎中水分蒸发的速度，最大限度地使茎秆与叶片的干燥速度保持一致。压裂茎秆干燥法减少了牧草的呼吸作用、光化学作用和酶的活动时间，但压扁茎秆使细胞壁破裂，导致细胞液渗出，其营养也有损失。压裂茎秆干燥需要的时间可比不压裂茎秆干燥需要的时间缩短30%～50%。

E.化学添加剂干燥法：将一些化学物质添加或者喷洒到牧草（主要是豆科牧草）上，经过一定的化学反应使牧草表皮的角质层破坏，以加快牧草株体内的水分蒸发，加快干燥的速度。这种方法不仅可以减少牧草干燥过程中的叶片损失，而且能够提高干草营养物质消化率。

在生产实践中，可以根据具体情况确定采用哪种方法。一般来讲，压裂草茎干燥法需要的一次性投资较大，而化学添加剂干燥法则可根据天气情况灵活运用，也可以两种方法同时采用。

（3）科学储存

干草在储存初期时，含水量仍然较高，要保持储存库的通风干燥，使干草进一步干燥。在储存期间要经常观察草垛，防止因潮湿引起的发霉、发热，甚至燃烧。达到安全储存水分（15%~18%）的干草要码垛堆放，用苫布覆盖，防止雨淋、日晒、牲畜践踏，同时要注意防火。

(4) 青干草的品质评价

优质的青干草呈绿色，气味芳香，保持原有茎、叶、花蕾等部分的完整性，质地柔软，适口性好，无腐烂、变质和病虫害，水分含量在15%。

另外，在青干草的基础上，还可以生产草粉、草粒或压捆。草粉是将青干草粉碎制成的，可用于生产全价配合饲料。草粒是在草粉的基础上，用制粒机制成颗粒，也可按照一定的营养配比配制成混合饲料后再制粒。压捆是将调制好的干草适当加水，并用压捆机高压成型的过程。

模块五 奶牛生产技术

86.怎样挑选黑白花奶牛？

从整体外貌看，应符合以下要求。

皮毛：花片均匀、黑白分明。

五官：鼻镜湿润、口要方正、双眼明亮。

性格：温顺，易亲近。

乳房：个大松软有弹性，前伸后延不下垂。

乳头：长度适中不萎缩。

四肢：腿要直、间距宽，X型和O型不能要。

蹄子：形要正、质地坚。

体型：身高、胸阔、背平、腹圆、尻宽。

87.影响奶牛产奶性能的遗传因素有哪些？

（1）品种

不同品种的牛的遗传基础不同，产奶量和奶的成分差异很大。一般乳用牛的产奶量高于肉用牛和役用牛。在乳用牛中，经过高度培育的品种产奶量显著高于培育程度低的品种。在正常条件下，荷斯坦牛是世界上产奶量最高的品种，而乳脂率则以娟姗牛最高。在相同的饲养条件下，产奶量较高的品种的乳脂率相应较低，如荷斯坦牛产奶量高，乳脂率较低，娟姗牛产奶量较低，但乳脂率高。

（2）个体

同一品种内不同个体的牛因遗传基础有差异，即使在相同饲养管理条件下，其泌乳量和乳脂率差异也很大，甚至大于品种间的差异。如荷斯坦牛个体间产奶量变异范围为 3 000~12 000kg，乳脂率为 2.6%~6.0%。

88.影响奶牛产奶性能的生理因素有哪些？

（1）年龄与胎次

奶牛的产奶量随着年龄与胎次的变化而发生规律性的变化。初产母牛的年龄一般在 2~2.5 岁，随着年龄与胎次的增加，产奶量也随之增加，成年时达到泌乳高峰，之后随着年龄与胎次的增加，泌乳力逐渐下降。第 1 胎产奶量为最高泌乳胎次产奶量的 60%~70%，第 2 胎为 70%~87%，第 3 胎为 90%~95%，4~7 胎时产奶量达到高峰期，以后奶牛的产奶量依胎次增加逐渐下降。

（2）初产年龄与产犊间隔

初产年龄过早，头胎产奶量少，不仅影响奶牛个体本身的发育，而且影响其终生产奶量。初产年龄过晚，则产犊胎次减少，不仅减少了产奶量，而且减少了犊牛的头数。一般在正常饲养管理条件下，奶牛体重达到该品种成年体重的 70%（15~17 月龄）时配种，24~26 月龄首次产犊，不但不会影响牛体的正常生长发育，而且对其产奶量和繁殖力有良好的影响，能增加终生产奶量。如果饲养管理条件差，奶牛发育不良，提早配种将影响其产奶量。奶牛最理想的情况是一年泌乳 10 个月，干奶 2 个月，产犊间隔应保持一年一胎。若产犊间隔过长，产奶量受到影响，且牛一生中产犊头数减少，终生产奶量低，繁殖率降低。有资料表明，产犊间隔由 12 个月延长到 14 个月，则平均产奶量由 6 864kg 下降到 6 123.5kg。若产犊间隔缩短，泌乳期相应缩短，也影响产奶量。因此，奶牛产犊后应尽量使其在 60~90d 内再度受孕，特别是 76~85d 时配种受胎率最高，超过 90d 则明显下降。

（3）泌乳期内不同阶段

母牛从产犊后开始泌乳到停止泌乳的这段时间称为泌乳期。奶牛在一个泌乳期中的产奶量呈规律性变化，分娩后头几天产奶量较低，随后产奶量不断增加，在 20~60d 日产奶量达到该泌乳期的最高峰（低产母牛在产后 20~30d，高产母牛在产后 40~60d），高峰期维持 1~2 个月（高产奶牛高峰期可达 2 个月左右），然后产奶量逐渐下降。全泌乳期日产奶量随泌乳时间的变化而形成一条动态曲线，称为泌乳曲线（见图 5-1），该曲线反映了奶牛泌乳的一般规律。在生产实践中，可按这一规律来掌握生产周期，安排生产作业，进行科学饲养管理。

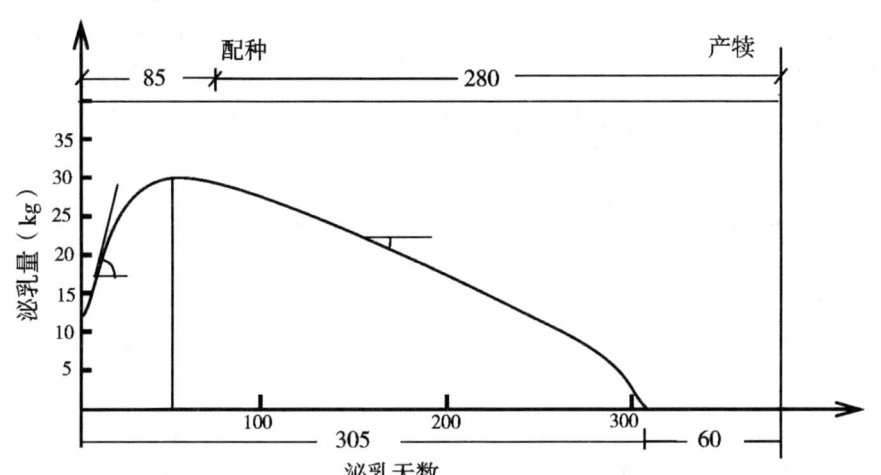

图 5-1　奶牛的泌乳曲线

（4）干奶期

母牛从停止挤奶到分娩的这段时间称为干奶期。为了使牛乳腺组织获得一定的休整和更新时间，并补偿母牛体内因长期泌乳消耗的营养物质，恢复牛的体况，促使母牛体内贮存必要的营养物质，提高下一胎产奶量，保证胎儿更好的生长，必须让母牛在分娩前有2个月左右的干奶期。实践证明，没有干奶期或干奶期太短的，会降低下一个泌乳期的产奶量和犊牛初生重，但干奶期过长，会使当胎的产奶量下降。

干奶期的长短根据母牛的年龄、体况、泌乳性能、饲养管理条件等情况而定，一般为45~75d，平均为60d。年产奶6 000kg以上的高产牛，营养不良、体弱及老龄牛，初产或早配母牛，干奶期要适当延长，以60~70d为宜，而低产牛，营养状况较好、体质健壮的壮年牛，干奶期可缩短到45~50d。

（5）体型大小

奶牛的体型是一项重要的育种指标。在一般情况下，奶牛体型大，消化器官容积大，采食量多，泌乳器官也大，故产奶量较高，但体型过大，产奶量不一定多，而且体重过大，饲料消耗相应增加，占用牛舍面积较大，不利于饲养管理。据统计，在一定限度下，每100kg体重可相应产牛奶1 000kg，但超过一定限度时并无明显增加，如荷斯坦奶牛体重在600~700kg时产奶量相对较高。

(6) 发情与妊娠

发情期间,由于性激素的作用,奶牛产奶量会出现暂时下降,下降幅度一般为 10%~12%,但乳脂率略有上升。母牛妊娠对产奶量的影响明显而持续,在妊娠初期影响极微,从第 5 个月开始泌乳量显著下降,第 8 个月则迅速下降,直至干奶。

89.影响奶牛产奶性能的环境因素有哪些?

(1) 挤奶技术

主要包括挤奶次数、挤奶顺序、挤奶间隔和乳房按摩等重要环节。

①挤奶次数:挤奶次数直接影响母牛的产奶量。据报道,每天挤奶 3 次比挤奶 2 次可增加产奶量 10%~20%,而挤奶 4 次比挤奶 3 次提高 10%~12%。但挤奶次数过多,不仅会增加工作人员的劳动强度,还会影响牛的休息。一般日产奶在 15kg 以下的奶牛,可采用 2 次挤奶制,而日产奶量在 15kg 以上的奶牛,则应采用 3 次挤奶制。可通过增加挤奶次数来促进高产牛和初产牛泌乳机能的充分发挥,特别是高产奶牛。

②挤奶顺序:手工挤奶顺序以交叉挤奶效果较好,即先同时挤右侧前乳头和左侧后乳头,然后再挤左侧前乳头和右侧后乳头,交替进行。挤奶时,牛的顺序按牛舍内的固定饲喂顺序进行。

③挤奶间隔:奶是在两次挤奶之间形成的,在挤奶后的 1h 内奶形成最快,以后逐渐减慢。挤奶时,增加挤奶次数,尽量使乳房内压减小甚至排空,有利于奶的形成。乳房中积存的奶不仅不能成为下次挤奶的积存量,而且影响泌乳速度和挤奶量,还会使牛奶在挤奶过程中成分不均匀,容易导致乳房炎。因此每次挤奶要将乳房完全挤净,挤奶间隔应尽量均衡,且不影响日常工作。如 3 次挤奶制可采用有 2 次各相距 7h,另一次间隔 10h 的方法,挤奶时间次序一旦建立起来就不可轻易改变,无规律的挤奶对产奶量影响很大。

④乳房按摩:由于排乳是在神经系统和内分泌的共同作用下完成的反射过程,因此挤奶前用热水擦洗和按摩乳房可刺激神经反射,提高产奶量和乳脂率。试验证明,在不按摩乳房或按摩不充分的情况下,乳腺泡中的奶只有 10%~25%进入乳池,充分按摩乳房后,乳腺泡中的奶有 70%~90%进入乳池。另外,乳池中奶的脂肪含量为 0.8%~1.2%,输奶管中奶的脂肪含量为 1%~1.8%,乳腺泡中奶的脂肪含量为 10%~20%。因此,

每次挤奶时按摩乳房有利于乳腺泡中的奶全部挤尽，能使泌乳量提高10%~20%，乳脂率增加0.2%~0.4%。

合理的挤奶次数、适宜的挤奶间隔、乳房的精心按摩和熟练的挤奶技术是提高产奶量必不可少的重要条件。

(2) 饲养管理

奶牛的饲养方式、饲喂方法、营养水平等都对产奶量有影响，其中营养物质的供给对产奶量的影响最为明显。注意各种营养物质的合理搭配，给予一定量的青绿多汁饲料和青贮饲料，根据泌乳母牛的营养需要实行全混合日粮（TMR）饲养，经常刷拭牛体、修蹄、保证适当的运动、加强牛体和圈舍的清洁卫生、保持适宜的温度等日常管理环节是维持奶牛健康和高产的前提和保证。

(3) 外界气候条件

荷斯坦牛对温度的适应范围是 0~23℃，最适宜的温度是 10~20℃，外界温度升高到 25℃时，奶牛的呼吸频率加快，食欲不振，产奶量开始下降。空气相对湿度以 50%~70% 为宜，夏季湿度超过 75% 时，产奶量明显下降，若湿度大，甚至气温只有 24℃时就影响产奶。荷斯坦牛怕热不怕冷，气温在 -13℃时产奶量才开始下降。但低温、大风对产奶量影响较大，冬季风力达到 5 级以上，产奶量下降明显。

(4) 产犊季节

母牛的产犊季节对泌乳量有一定的影响，在我国，母牛最适宜的产犊季节是冬、春季。因为母牛分娩后的泌乳盛期恰好在青绿饲料丰富和气候温和的季节，母牛体内促乳素分泌旺盛而平衡，且无蚊蝇侵袭，有利于产奶量的提高。夏季虽然饲料条件好，但由于气候炎热，母牛食欲不振，影响产奶量。实践证明，母牛全期产奶量最高的是在冬、春季（12、1、2、3月份）产犊，其次是秋季，夏季（7、8月份）产犊最低。

(5) 疾病

奶牛健康状况较差或患病时，泌乳量随之降低。尤其患乳房炎、乳头损伤、酮病、乳热症和消化道等疾病时，产奶量显著下降，奶的成分和品质也发生变化。患其他病如结核病、布氏杆菌病、口蹄疫等，均可降低产奶量，牛奶的品质也下降。

90.初乳对犊牛有哪些特殊作用?

初乳是指母牛分娩后 5~7d 内分泌的乳,具有特殊的生物学特性,是初生犊牛不可缺少的营养品。

(1) 营养丰富

母牛产后首日分泌出的初乳,干物质总量较常乳高 2 倍,其中蛋白质含量相当于常乳的 4~5 倍,钙、磷等矿物质也比常乳多 1 倍以上,同时乳中含有比常乳多几倍甚至十几倍的各种维生素。

(2) 防病免疫

初乳中含有溶菌酶和免疫球蛋白,能杀灭多种病原菌。犊牛出生后 24h 内,其小肠黏膜具有直接吸收初乳中免疫球蛋白的能力,早吃到初乳,可以增强犊牛的免疫力。初乳具有较大的黏度,进入胃肠内可黏附于黏膜之上,阻碍病原菌侵入体内。初乳的酸度较高(45~50°T),既能有效刺激胃肠黏膜分泌消化液,促进犊牛消化,又可使胃液变成酸性,抑制病原微生物的繁殖。

(3) 舒肠健胃

初乳进入犊牛胃后,能刺激皱胃大量分泌消化酶,以促进胃肠机能的早期活动。初乳中含有较多的镁盐,具有轻泻作用,能促进胎粪的排出,防止消化不良和便秘。

91.怎样为犊牛哺喂初乳?

为使犊牛获得较多的营养和发挥初乳的特殊作用,犊牛生后应在 1h 内哺喂初乳。随着泌乳时间的延长,初乳中营养物质的含量和防病免疫功能逐渐降低。犊牛刚出生时,小肠黏膜通透性强,对初乳中的免疫球蛋白直接吸收率最高,几乎达 100%,2h 后为 90%,4h 后为 80%,20h 后为 12%,24h 后仅吸收少量或不吸收。喂初乳过迟或初乳喂量不足,甚至完全不喂初乳,犊牛都会因免疫力不足而发生疾病,增重缓慢,死亡率升高。

第一次要让犊牛吃足初乳,饲喂量是 1.5~2kg,第二次饲喂初乳的时间一般在出生后的 6~9h,以后随犊牛食欲的增加,初乳饲喂量可逐渐增加,每天按体重的 1/10~1/8 计算初乳的饲喂量,每日 3~4 次。每次即挤即喂,保证奶温。如果初乳挤下时间长,温度下降,应水浴加热至 38℃ 再喂,但加温不可过高,如超过 40℃,初乳会凝固,不易消化。

犊牛应尽可能喂其亲生母亲的初乳，如母乳不足或因病不能利用时，可喂产犊日期相近的其他母牛的初乳。如无同期初乳时，可配制人工初乳。配法如下：将鱼肝油 3~5ml 或维生素 A 4 000~5 000IU，鸡蛋 2~3 个，土霉素 40~45mg，加入 1kg 鲜奶中，充分搅拌，加热喂给。最初 1~2d 每日每头犊牛喂给 30~50ml 液体石蜡或蓖麻油，第一次喂奶后灌服，以促进胎粪排除，胎粪排净后停喂。第 5d 起土霉素减半，2 周时停用。

在初乳期内要用哺乳壶喂奶。当犊牛用力吸吮人工乳头时，由于刺激分布于口腔的感受器，可使食管沟反射完全，闭合成管状，乳汁会流入皱胃。人工乳头的质量要好，在其顶端用小刀割一个"十"形裂口，使犊牛吃奶时必须用力吸吮才能吸到乳汁，若人工乳头顶端裂口过大，犊牛不能产生吸吮反射，食管沟往往闭合不全，乳汁会漏入瘤胃，引起异常发酵，消化不良，下痢，严重时导致死亡。每次喂完后，要及时将哺乳壶清洗消毒。

犊牛每次哺乳之后 1~2h 应饮温开水（35~38℃）1 次。若有较多的初乳剩余，可按以下方法进行贮存。

冷冻法：将新鲜的初乳冷冻到 0℃ 以下保存，一般可存放 6 个月。冷冻初乳解冻后可喂新生犊牛。

发酵法：将干净的初乳放在一个塑料桶或木桶内，有条件的加盖密封，待一定时间后（10~15℃ 室温需 5~7d，15~20℃ 需 3~4d，20~25℃ 时需 2d）自然发酵成熟。如需快速发酵，可将发酵好的初乳作为发酵剂，按 5%~6% 的比例加入待发酵的初乳中，10℃ 时 2d，20℃ 以上 1d 即可成熟。发酵的初乳在贮存期间，最好每天搅拌 2 次，以免产生泡沫和大量凝块。

92.怎样为犊牛哺喂常乳？

犊牛经哺喂 1 周初乳后，即可转喂常乳。目前国内大部分奶牛场犊牛喂量为 300~400kg，哺乳期 2~3 个月，少数体型大或高产的牛群，需喂到 600~800kg，哺乳期为 3~4 个月。

具体喂量：在以常乳为主要营养来源的一月龄阶段，每日喂量约为犊牛体重的 1/10。2~3 月龄，随着犊牛草料的采食量增加，常乳喂量逐周减少，由喂奶逐渐转为全部喂植物性饲料。

哺乳次数：1 月龄内，每天可喂 3 次，以后减至 2 次，3 月龄时喂 1 次，直到停奶。

为保证犊牛的正常消化机能,喂奶要坚持定时、定量、定温,每天按时、按量喂奶,奶温要保持在37~38℃。

93.什么时候对犊牛饲喂植物性饲料?

为促进犊牛的生长发育,特别是瘤胃的发育,犊牛应提早训练采食植物性饲料。

(1) 干草

从生后1周开始训练其采食干草。在犊牛栏内投给优质干草,任其练习采食,自由咀嚼,这样既可促进瘤胃发育,又可防止舔食脏物、污草。

(2) 精饲料

犊牛出生后10d开始训练吃精料。开始时,可将玉米、小麦麸、大麦等混合粉碎,加入少量食盐煮成稀粥并加入少量牛奶,将粥料涂抹在犊牛的鼻镜、嘴唇上,或直接放在奶桶底部任其自由舔食,3~5d后,饲料由稀粥逐渐变成湿拌料,直至干粉料。将精饲料放入犊牛栏旁的料盘任其采食,开始时每日10~20g,以后逐渐加量。1月龄时每日喂量为250~300g,2月龄时为500g左右。

(3) 多汁饲料

出生后20d开始,在混合精料中加入切碎的胡萝卜或甜菜,最初每日饲喂20~25g,以后逐渐增加,到2月龄时,日喂量可达1~1.5kg。

(4) 青贮饲料

2月龄后开始喂给青贮饲料,最初每日喂给100~150g,3月龄时可喂到1.5~2kg,4~6月龄增至4~5kg。

在补料过程中,要细心观察犊牛的健康状况,以便及时调整饲喂量。每天早晨要注意犊牛的精神状态、行动和食欲,如发现异常,及时采取措施进行处理,保证犊牛健康。

为了预防犊牛腹泻,出生后30日龄内,每天喂给10 000IU金霉素,特别是在饲养管理较差的条件下更为重要。

94.为何要对犊牛实施早期断奶?如何实施?

国内犊牛的哺乳期多为60~90d。实施早期断奶的犊牛,哺乳期一般为30~45d。缩短犊牛哺乳期,既可保证犊牛营养需要,又不影响其生长发育,还能降低犊牛培育成本和犊牛死亡率,并且提前训练犊牛采食植物性饲料可以刺激犊牛胃肠发育,更能发挥其以后的生产性能。

上半年出生的犊牛喂奶期可为30d,下半年出生的犊牛由于受到高温和低温两种环境的不利影响,喂奶期可延长到50d。在生产实践中,断奶的时间可根据犊牛的日增重和进食量来确定,当犊牛日增重达到500~600g,犊牛料进食量高于1kg时即可断奶。早期断奶犊牛的饲养方案见表5-1。

表5-1 早期断奶犊牛的饲养方案

单位:kg/(头·日)

日龄	日喂奶	犊牛料	粗料
1~10	4	5~8日开食	训练吃干草
11~20	3	0.2	0.2
21~30	2	0.5	0.5
31~40	2	0.8	1
41~50	2	1.5	1.5
51~60	—	1.8	1.8
61~180	—	2	2

犊牛料配方:玉米50%,麸皮12%,豆饼30%,饲用酵母粉5%,石粉1%,食盐1%,磷酸氢钙1%。哺乳期为30d的犊牛,30~60日龄1kg犊牛料中添加维生素A 8 000IU、维生素D 600IU、维生素E 60IU、烟酸2.6mg、泛酸13mg、维生素B_2 6.5mg、维生素B_6 6.5mg、叶酸0.5mg、生物素0.1mg、维生素B_{12} 0.07mg、维生素K 3mg、胆碱2 600mg。60日龄以上犊牛可不添加B族维生素,只加维生素A、维生素D、维生素E即可。

95.犊牛管理的措施有哪些?

(1) 称重编号

犊牛一般在生后就要称重、编号并做好标记。标号应用较多的是耳标法,即在塑料耳标上打上号码,然后固定在耳朵上。

(2) 适时去角

一是烧烙法,在1月龄进行,用烧红的烙铁烙角15~20s,直到角的生长点被破坏为止。二是氢氧化钾法,在7~10日龄进行。先剪去角基部及四周的毛,将凡士林涂抹于角基部的四周,以防止涂抹氢氧化钾时流入眼中,用氢氧化钾棒(手拿部分须用布或纸包上,以免烧伤)在角的基部涂抹、摩擦，直到出血为止。去角的犊牛在初期须与其他犊牛隔离，注意避免遭受雨淋，防止药物流入眼内及面部而造成损伤。

(3) 保证饮水

哺乳期要供给充足的饮水。最初可在牛奶中加 1/3～1/2 的温水，同时在运动场内设置水槽，任其自由饮水。犊牛生后 1 周开始训练饮水，水温 37～38℃，10～15d 以后可改饮常温水，但水温不能低于 15℃。

(4) 坚持运动

运动能增强犊牛体质并有利健康。生后 7～10d 天气晴朗时，每天应在户外自由活动，1 月龄后每天可进行驱赶运动 1h，夏季中午禁止运动以防阳光暴晒。

(5) 刷拭调教

坚持每天用毛刷或硬刷刷拭牛体 1～2 次，用力要轻，以免损伤皮肤。

(6) 犊栏卫生

犊牛生活的环境应保持清洁、干燥、温暖、宽敞和通风，冬季牛床和运动场上要铺放麦秸等垫草，夏季运动场宜干燥、遮荫、通风良好。

(7) 用具卫生

每次使用的奶具、补料槽及饮水槽等要及时洗刷干净，保持清洁，防止病原微生物繁殖而引起犊牛下痢、消化不良或臌气等。

(8) 防止互舔

犊牛喂奶后及时将嘴擦净，以免互舔，长期互舔易形成恶癖，吸吮嘴巴易感染传染病，吸吮耳朵在寒冷时容易造成冻疮，吸吮脐带容易引发脐带炎，吸吮乳头会导致成年后瞎乳头，吸吮被毛容易在瘤胃内形成毛球而堵塞食道。奶牛场多采用犊牛岛，实现犊牛单栏饲养管理，可有效防止犊牛互舔。

(9) 犊牛保健

经常观察其食欲、精神、粪便等。

(10) 消毒防疫

坚持定期消毒制度，冬季每月消毒 1 次，夏季每 10d 消毒 1 次，用氢氧化钠、石灰水或来苏儿对地面、墙壁、栏杆、饲槽及草架等进行彻底消毒。如发生传染病或有死亡现象，必须对其所接触的环境和用具进行彻底消毒。牛群每年应注射一次牛出血性败血症和牛结核病疫苗，并对整个牛群进行结核病普检，对阳性者及时处理。

96.什么是育成牛？怎样饲养育成牛？

7月龄至初产阶段的牛称为育成牛。育成牛生长发育快，瘤胃发育迅速，生殖机能逐渐完善。保证牛的正常发育，培育体型高大、膘度适中、消化力强、乳用体型明显的理想奶牛，以及适时配种等是育成牛培育的主要任务。

育成牛的日粮应以青粗饲料为主，补喂适量精饲料，这对于个体的生长发育、生产性能及适时配种都是有利的。在有条件的地方，育成母牛应以放牧为主。冬春季舍饲时应喂给大量优质干草及青贮饲料。

（1）7~12月龄

是生长发育最快时期，其性器官和第二性征发育很快，体躯向高度和长度急剧增长，同时前胃已相当发达，容积扩大1倍左右。因此，饲养上要求供给足够的营养物质，日粮要有一定容积以刺激前胃的继续发育。除给予优质的牧草、干草和多汁饲料外，还需给予一定的精料。按100kg活重计算，每天饲喂青干草1.5~2kg、青贮饲料5~6kg、秸秆1~2kg、精料1~1.5kg、石粉25g、食盐25g。日粮粗蛋白质水平为14%。12月龄育成牛的日粮中可添加适量尿素。

（2）13~18月龄

为了刺激消化器官的进一步发育，日粮应以粗饲料和多汁饲料为主，少量补给精饲料，要保证在配种前其体重能达到成年牛的70%以上。按干物质计算，粗饲料占75%，精饲料占25%，并在运动场放置干草、秸秆等。日粮粗蛋白质水平为12%。

（3）19月龄至初产

此期的育成牛已配种受胎，个体生长速度渐慢，体躯显著向宽、深发展。日粮应以品质优良的干草、青草、青贮料和块根块茎类为主，精料可以少喂或不喂。但到妊娠后期，由于胎儿生长迅速，必须补加精料，每日2~3kg。按干物质计算，粗饲料要占70%~75%，精饲料占25%~30%。

总之，培育育成母牛，应用大量粗饲料和多汁饲料、少量精料，以促进成年后高产性能的发挥。但对育成公牛，则要适当增加日粮中精料量，减少粗料量，以免形成草腹，影响种用价值。

97.怎样管理育成牛?

(1) 分群饲养

应按月龄、体重分群饲养,一个群体最好月龄差异不超过 1.5~2 个月,体重差异不超过 30kg。

(2) 定期称重

定期称取体重,测量体尺,检查生长发育状况。根据体重和发育情况调整日粮供给,并适时配种。

(3) 加强运动

没有放牧条件的舍饲母牛每天要保证有 2h 以上的运动,以增强体质、锻炼四肢,促进乳房、心血管及消化、呼吸器官的发育。

(4) 按摩乳房

12 月龄后开始按摩乳房,每天 1 次,每次 5~10min,18 月龄后的妊娠母牛每天按摩 2 次,每次按摩时用热毛巾敷擦乳房,产前 1~2 月停止按摩。在此期间,切忌擦拭乳头,以免擦去乳头周围的保护物,引起乳头龟裂或因病原菌从乳头孔侵入,导致乳房炎发生。

(5) 调教、刷拭

要训练拴系、定槽认位,以便今后的挤奶管理。为了保持牛体清洁,促进皮肤代谢和养成温驯的习性,每天刷拭牛 1~2 次,每次 5~8min。

(6) 初配

育成牛的初配时间应根据月龄和发育状况而定,一般 16~18 月龄体重达到 350~370kg,体斜长不低于 150cm,胸围不少于 165cm 的体形即可配种。目前有提前配种的趋势,最常见的是 15~16.5 月龄初配。

(7) 防流保胎

妊娠的青年母牛要单独组群,防滑倒,防顶架,防拥挤,不急赶,不走陡坡,不饮冰渣水,禁喂发霉变质的饲料,精心管理。

98.成年奶牛饲养管理的技术措施有哪些?

(1) 饲料要多样搭配

饲料多样化,可使日粮营养达到全价,适口性强,能促进奶牛食欲并提高饲料利用率,从而保证奶牛身体健康与提高其产奶性能。奶牛的日粮应根据饲养标准合理搭配,要以青绿多汁饲料和优质干草为基础,营养不足部分用精料和其他添加剂补充。日粮的组成必须多样化且适口性好,应由2种以上的粗饲料(干草、青草等)、2~3种多汁饲料(青贮、块根类)、3~4种精饲料组成,做到以粗饲料为主,精饲料为辅,青贮为主,青刈为辅,坚持干草、青贮长年不断。

(2) 饲喂技术要科学

①定时、定量、少给勤添:"定时"可使消化液的分泌有规律。"定量"即每次上槽都要掌握饲喂量,保证奶牛吃饱。"少给勤添"即每次添草、添料数量要少,次数要勤,这样可使牛保持旺盛的食欲。

②稳定日粮:奶牛瘤胃内微生物区系的形成需要30d左右的时间,一旦打乱,恢复很慢,因此有必要保持饲料种类的相对稳定。在必须更换饲料种类时,一定要逐渐进行,以使瘤胃内微生物区系能够逐渐适应。尤其是在青粗饲料之间的更换时,应有7~10d的过渡时间,这样奶牛才能够适应,不至于产生消化紊乱现象。时青时干或时喂时停,均会使瘤胃消化受到影响,造成产奶量下降,甚至导致疾病。

③饲喂有序:目前国内普遍采取3次上槽饲喂、3次挤奶的工作日程。在饲喂顺序上,应根据精粗饲料的品质、适口性,安排饲喂顺序。当奶牛建立起饲喂顺序的条件反射后,不得随意改动,否则会打乱奶牛采食饲料的正常生理反应,影响采食量。一般的饲喂顺序为先粗后精、先干后湿、先喂后饮,如干草—青贮料—块根、块茎类—精料混合料。但喂牛最好的方法是精粗料混喂,采用混合日粮。

④防异物、防霉烂:奶牛采食饲料时一般不经认真咀嚼即咽下,故对饲料中的异物反应不敏感,因此饲喂奶牛的精料要用带有磁铁的筛子过筛,在铡草机入口处安装磁化铁,以除去其中夹杂的铁针、铁丝等尖锐异物,避免发生网胃-心包创伤。对于含泥土较多的青粗饲料,还应在水中淘洗,晾干后再进行饲喂。严防将铁钉、铁丝、玻璃、石砂等异物混入饲料喂牛。切忌使用霉烂、冰冻的饲料喂牛,保证饲料的新鲜和清洁。

(3) 饮水要充足

水对奶牛十分重要,牛奶一般含水87%以上。据试验,日产奶50kg以上的奶牛,每天需水100~150L,中低产奶牛日需水60~70L。如饮水不足,会使产奶量下降。最好在牛舍内安装自动饮水器,让奶牛随时饮上新鲜而洁净的水。如无此设备,每天至少饮水3~4次,夏季天热时饮水5~6次。此外,在运动场内应设置大水槽,并贮满清水,使牛随时都能喝到。

冬季水温不可过低,必要时可饮温水。水质要符合《NY 5027 畜禽饮用水水质标准》。

(4) 放置盐槽

奶牛每天通过牛奶排出大量的矿物质,如果饲料和饮水中矿物质供应不足,很容易导致奶牛出现"异食癖"。为防止发生此现象,可以在牛运动场中放置配有各种矿物质元素的盐槽,或悬挂盐砖任奶牛自由舔食。

(5) 适当运动

产奶母牛通过运动可增强体质,促进新陈代谢,运动不足,易使体况变肥,影响产奶量和繁殖力,且牛会因体质下降而患病,如消化不良、肢蹄病、难产及胎衣不下等。因此,奶牛应每天保持 3~4h 自由活动时间,尤其是舍饲的牛必须保证适当的运动量。

(6) 经常刷拭

牛体刷拭对促进奶牛新陈代谢、保持牛体清洁卫生和保证牛奶卫生均有重要意义。因此,奶牛每天应刷拭 2~3 次,刷拭时先用较硬的刷子或铁箅,再用较软的刷子(如棕刷)。

刷拭方法:饲养员左手持铁刷,右手执棕毛刷,由颈部开始,由前到后、由上到下依次刷拭。刷时先用棕毛刷逆毛刷去,再顺毛刷回。碰到坚硬刷拭不掉的污垢部分,先用水洗刷,再用铁箅轻轻刮掉。盛夏气温高,为了促使奶牛皮肤散热,先用清水洗浴牛体后再进行刷拭,既有利于卫生,又起到防暑、降温的作用。在冬季,则应以干刷为主。

(7) 乳房护理

经常保持乳房清洁,对特大乳房要特别护理,防止外伤。定期检测隐性乳房炎,充分利用干奶期预防和治疗乳房炎。

(8) 肢蹄护理

蹄的健康关系到牛的经济价值。据报道,奶牛因肢蹄疾病所造成的损失仅次于乳腺炎。蹄是奶牛的重要组成部分,牛蹄障碍(增生或疾病)可引起牛行动、站立不便,吃草料和饮水困难,导致产奶量下降。因此要注意保持蹄的卫生,蹄壁及蹄叉要洁净,及时将附着的污物清除掉。为防止蹄壁龟裂,要经常涂凡士林油等。蹄尖过长要及时修削矫正。正常修蹄一般每年春、秋各一次。

(9) 卫生防疫

必须按照国家《NY/T 388 畜禽场环境质量标准》及《NY 5047 奶牛

饲养兽医防疫准则》等有关规定进行环境调控和疫病防疫。

99.挤奶前应做好哪些准备工作?

（1）挤奶员保持个人卫生

勤剪指甲，挤奶前用肥皂水洗手，保持手臂清洁。

（2）消毒用具，清洁牛体

首先要将所有用具和设备洗净、消毒，然后清除牛体上沾污的污物，清扫牛床。准备好40~45℃温水、挤奶机、过滤用的纱布、毛巾、小凳等。

（3）擦洗乳房

用温热水擦洗清洁乳房，刺激乳腺神经兴奋，加快乳汁的分泌排出，提高产奶量。方法是：先用湿毛巾擦洗乳头孔、乳头、乳房中沟及整个乳房，再用干毛巾自下而上擦干整个乳房，洗擦后立即进行乳房按摩。毛巾和水桶做到每牛专用。

（4）按摩乳房

通过按摩乳房使乳房膨胀，加速乳汁的分泌和排出。按摩乳房时，用双手抱住右侧乳房，两手大拇指放在乳房外侧，其余手指放在乳房中沟，自上而下，由外向内反复按摩，然后拇指在乳沟，其余手指在外侧，按同样方法按摩左侧乳房。当乳房膨胀时，药浴乳头后开始挤奶。大部分乳汁挤完时，再次按摩乳房1~2min，再挤奶，直到挤净。

（5）药浴乳头

用消毒液浸泡各乳头20~30s，用纸巾擦干后即可挤奶。

100.怎样利用机器挤奶?

机器挤奶是牛、机器和挤奶员相互配合的挤奶工作。牛奶是最易受污染的食品，所以用机器挤奶前，除机器、牛和人保持清洁卫生外，挤奶厅、贮奶间也必须保持清洁卫生。

（1）丢弃头把奶

套杯挤奶前，用手挤出1~2把奶，放在其他容器中，最终丢弃，然后开始药浴，30s后擦干。如果奶牛患乳房炎，应改为用手挤，挤下的奶另做处理。

（2）套杯、开动气阀

套挤奶杯时不要吸入空气。在挤奶过程中，挤奶员要密切注意挤奶过程，及时发现问题，及时处理。挤奶器位置不当可能使挤奶器向乳头上端爬，容易造成乳头损伤。要避免过度挤奶，过度挤奶不仅延长挤奶时间，还会造成乳房疲劳，影响以后的排乳速度，甚至导致乳房疾病。所以，在使用挤奶杯不能自动脱落的挤奶机时，当挤奶快要完成时，用手向下按摩奶区，帮助挤干奶，然后关闭集奶器，真空2~3s，卸下挤奶杯。

（3）乳头消毒

挤奶结束后立即用专用消毒液（4%的次氯酸盐）或1.5%碘溶液浸洗乳头，以防细菌侵入。

（4）清洗机具

每次挤完奶后，清洗与奶接触的器具和部件，先用温水预洗，然后浸泡在专用洗涤剂中进行刷洗，再用热水清洗，晾干。

真空装置和挤奶器具应定期检修、保养、清洗、疏通。

101.怎样进行手工挤奶？

手工挤奶时，挤奶员和挤奶方法不宜经常更换。具体程序如下：

挤奶员坐小凳于牛右侧后1/3~1/2处，与牛体纵轴呈50°~60°的夹角。奶桶夹于两大腿之间，左膝在牛右侧飞节前附近，两脚向侧方张开呈八字形。手工挤奶通常采用压榨法（见图5-2）。用拇指和食指扣成环状，压紧乳头基部，切断乳汁向乳池回流的去路，再用中指、无名指和小指依次压榨乳头，使乳汁由乳头流出，然后拇指和食指松开，其余各指也依次舒展，通过左右两手有节奏地压榨与舒展交替连续进行。此法用力均匀，不易污染牛奶，乳头不损坏不变形。挤奶速度要快，一般要求压榨80~120次/min。整个挤奶时间为6~8min。

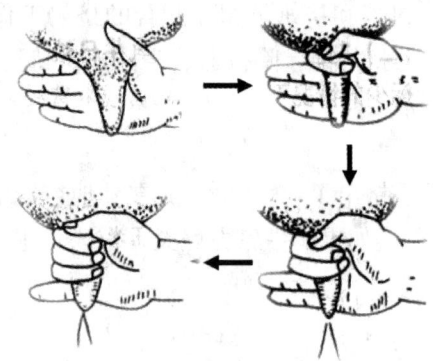

图5-2 压榨法挤乳示意图

另一种是滑挤法，用拇指和食指捏住乳头基部，向下滑动，将奶挤出。此法容易使乳头变形或损伤，所以除少数初产牛因乳头特别短小者，一般不采用。

开始挤出的第一、二把奶含有大量细菌，应收集在专用的器具内，不挤入奶桶内，也不应挤在牛床上，以防污染垫草而传播疾病。

挤完奶后立即用消毒药液浸泡乳头，防止病原微生物的侵入。冬春季节挤奶后，乳头可涂抹硼酸软膏，以防乳头皮肤龟裂。挤奶结束后，及时将所有用具清洗、消毒，置于清洁干燥处备用。

102.奶牛夏季饲养管理的要点是什么？

奶牛适宜的环境温度为 0～23℃，高产奶牛为 15～20℃。气温超过25℃时，奶牛的产奶量明显下降。炎热的夏季，气温往往达到或超过30℃，且持续时间较长，如果饲养管理不善，奶牛会产生热应激反应，导致奶牛体温升高，呼吸加快，食欲下降，产奶量及繁殖率降低，甚至死亡。为减轻夏季高温对奶牛的影响，应采取如下措施：

（1）改善环境

在运动场搭凉棚，高 3～4m，宽 5～8m，所用材料应有良好的隔热性能。在牛舍内安装通风设施或电扇，加快牛体散热，喷水与风扇结合使用效果更好。有条件的牛场可在牛舍内安装喷雾设备，适当延长喷雾降温时间，以降低牛体表温度。若相对湿度大，牛体散热受阻加大，会使牛闷热，所以牛舍还需保持干燥、通风。早晚打开门窗，加快湿度的排除和有害气体的排出。

（2）适当增加日粮的营养浓度

采食量下降是造成夏季奶牛产奶量降低的重要因素，所以饲料中能量、粗蛋白质的浓度要高些，但不能过高。夏天饲喂精料可比平时增加 10%，平时豆饼含量占混合料的 20%，夏天可增加到 25%，但粗纤维含量不得低于 17%，并多喂些胡萝卜、优质青草、菜类、瓜类等青绿饲料。此外，日粮中还可添加 6% 左右的过瘤胃脂肪。

（3）注意补充矿物质和维生素

炎热的夏天，由于奶牛的呼吸和排汗增加，常常会引起矿物质的不足，所以应增加钙、磷、镁、钠、钾等的喂量，添加日粮干物质 1.5% 的钾、0.6% 的钠和 0.35% 的镁，每头奶牛饲喂 9～12mg 有机铬及维生素 C、烟酸等有助于缓解奶牛的热应激。

（4）适当增加饲喂次数

可由日饲喂 3 次改为 4 次，增加夜间饲喂（早晨 4～5 点或晚上 10 点以后）。

（5）饲喂稀料

将部分精料调制成粥料，既能增加营养，又能满足母牛对水分的需要。粥料成分为精饲料 1.5kg、胡萝卜 1.25～2.5kg、干粕 1.25～2.5kg、水 58kg。给奶牛喂盐水麸皮汤能增强奶牛食欲，保证饮水量，调节代谢，有效控制产奶量下降，每次每头牛喂 50kg 水，加食盐 50g、麸皮 1～1.5kg，每天喂 3 次。

（6）提供充足新鲜洁净的饮水

饮水充足有利于体液蒸发，带走多余的体热。因此，运动场要有充足的新鲜自来水，以保证奶牛饮水需要。水槽应放在荫凉、奶牛容易喝到的地方。在饮水中放入 0.5% 的食盐可促进奶牛消化。

（7）搞好牛舍和环境卫生

牛舍不干净、污染牛体，不仅影响牛体皮肤正常代谢，有碍牛体健康，而且严重影响牛奶卫生。因此，要勤打扫牛舍，清除粪便，通风换气，保持牛舍清洁、干燥、凉爽，定期消毒，夏天要经常用清水冲洗和刷拭牛体，以利牛体散热，保持牛体卫生。夏天蚊蝇多，不仅会干扰奶牛休息，还易传播疾病，因此要注意灭蚊蝇。

（8）预防为主，减少疾病

防止乳房炎、子宫炎、腐蹄病、胃肠疾病、食物中毒等，是保证奶牛夏季产奶量的关键。

①每次挤奶前后都要用 1%～3% 的次氯酸钠液浸泡（药浴）乳头。

②母牛生产后要注意胎衣脱落和恶露排出情况，产后 15d 检查生殖器官，发现问题，及时治疗。

③每月 2 次用清水洗刷牛蹄，并涂以 10%～20% 的硫酸钠溶液。

④每天刷洗 1 次食槽和水槽。

⑤做好卫生防疫和环境消毒。

103. 什么是全混合日粮（TMR）饲养技术？

全混合日粮（TMR）饲养技术是根据奶牛不同泌乳时期所需的各种营养成分的数量和比例，把粗饲料及精饲料、矿物质饲料、饲料添加剂等按一定比例，经专用饲料搅拌机充分混合，配制成含水量为45%左右的全混合日粮用以喂牛的一种先进饲养技术。

104.TMR饲养技术的特点是什么？

（1）TMR饲养技术可进行大规模工厂化生产，使饲养管理省工、省时，提高规模效益及劳动生产率。也可实现一定区域内小规模牛场的日粮集中统一配送，从而提高奶业生产的专业化程度。

（2）TMR饲养技术便于控制日粮的营养水平，改善饲料的适口性，提高奶牛干物质采食量、产奶量、乳脂率和非脂固体物。

（3）可有效防止消化系统机能紊乱

TMR技术将日粮各组分按比例均匀地混合在一起，避免牛挑食。奶牛每次采食的饲料都含有营养均衡的养分，可防止奶牛在短时间内因过量采食精料而引起瘤胃pH突然下降，与同等情况下精粗分饲的奶牛相比，其瘤胃pH稍高，更有利于纤维素的消化分解。能维持瘤胃微生物的数量、活力及瘤胃内环境的相对稳定，使发酵、消化、吸收及代谢正常进行，有利于改善饲料利用率，减少疾病（如真胃移位、酮血症、产奶热、酸中毒、食欲不振及营养不良等）的发生。

（4）TMR可以充分利用当地饲料资源，最大限度地使用低成本饲料配方，降低饲养费用，提高经济效益。

（5）可保证奶牛稳定的日粮结构，同时又可灵活地安排最优的饲料与牧草组合，提高草地的利用率。

105.实施TMR饲养的技术要点有哪些？

（1）TMR日粮的制作

①严格按日粮配方投料：保证各组分精确计量，定期校正计量控制器。

②精选原料：加料过程中，防止铁器、石块、包装绳等杂质混入搅拌车，造成机械损伤。

③控制每批次填料量：根据搅拌车的说明，掌握适宜的填料量，避免过多装载，影响搅拌效果。装载量以占总容积的60%～75%为宜。

④填料顺序：合适的填料顺序是先粗后精，先干后湿，先轻后重。按照干草、农作物副产品、青贮饲料、糟渣类、精料的顺序加入，边加料边搅拌。

⑤搅拌时间：掌握搅拌时间的原则是确保搅拌后 TMR 中至少有 20% 的粗饲料长度大于 3.5cm。一般情况下，最后一种饲料加入后搅拌 3~6min 即可，避免过度混合。

⑥效果评价：搅拌好的 TMR 日粮，精粗饲料混合均匀，松散不分离，色泽均匀，新鲜不发热、无异味，不结块。

⑦水分控制：根据青贮饲料及农作物副产品等的含水量，控制好 TMR 日粮水分，一般为 40%~50%。

(2) 合理分群

定期测定个体牛的产奶量、乳脂率、乳蛋白，每月评定奶牛体况，根据奶牛产奶量的高低、泌乳阶段、体况好坏，将成年母牛分为若干群。如果两组牛群的平均奶量差异不超过 15%，则可用一种 TMR 配方，如果两组牛群的平均奶量相差达 40% 以上，应考虑使用两个配方。合群使用一种 TMR 配方，简便易行、省力省事，并能避免频繁转群产生的应激反应，有利于高产奶牛更好地发挥遗传潜力。对产奶量特别高（每天每头 48kg 以上）的奶牛，挤奶时可额外添加少量精料或粒料，有条件的可用电子识别自动补饲槽补充额外的精料。

(3) 确定日粮组成

根据牛群生产状况和奶牛体况制定精饲料配方和微量元素、维生素复合添加剂配方；根据本地饲料资源，确定粗饲料的品种及用量，并根据奶牛的采食量和饲料价格进行调整。还应考虑饲料的适口性，合理使用诱食剂。核实各种饲料混合后奶牛能否采食到应有的数量，是否能够满足奶牛的营养需要，并适当调整。

(4) 经常检测各种原料的养分含量

测定组成 TMR 原料的营养成分是科学配制日粮的首要条件，即使是同一种饲料，因产地、收割期及加工方法的不同，干物质及其他营养成分也不同，所以应根据实际测定的营养结果来配制。对于已制成的 TMR，也应经常测定干物质和养分含量，调整组成结构，使各营养含量达到合适的水平，以求实际采食量与推算采食量相等，确保奶牛得到应有的营养。

(5) 饲槽中不宜长时间断料

由于 TMR 饲养技术是以群为单位的自由采食，为保证群内的每头牛都能采食到足够数量的饲料，就必须做到饲槽中白天不断料，夜间断料时间也不宜过长。为了使奶牛采食旺盛并便于人员操作，一般采用日喂两遍的模式，每遍增补TMR饲料前，槽内应保持有3%～5%的剩草。

（6）经常观察奶牛的食欲、体重、体况及产奶量、奶成分变化

应每天观察奶牛的采食状况和群体产奶量，每10～15d记录一次奶牛的采食量、个体产奶量和乳脂率、乳蛋白率及膘情，每月记录奶牛的体况、繁殖状况。对记录做详细分析，及时解决存在的问题。另外，要根据牛群的具体情况，结合各种原料的价格，调整TMR内精料成分配比和粗料用量，保证泌乳后期奶牛体况得到恢复，降低生产成本，获得最大的经济效益。

（7）保证TMR达到技术指标

TMR饲料的各种指标是以营养浓度数值表示的相对量，要求计算正确、科学，估测的奶牛采食量不可有较大偏差，各种原料在混合前计量准确，混合均匀。专用搅拌机车要能接近牛舍，操作过程实行电脑程序式控制，准确卸料，科学分发。

106.实施TMR饲养时应注意哪些事项？

（1）TMR饲喂投放饲料要均匀

确保牛能均匀采食。要有足够的槽位，避免牛因抢食而角斗。

（2）饲槽设计尺寸要适宜

槽底应略高于牛床，槽底光滑，颜色要浅。

（3）保持饲料的新鲜

为防止槽内饲料沉积发热，要注意勤翻料，并每天清理槽内剩料，做到合理利用不浪费。

（4）牛要去角

避免牛互相角斗而损伤。

（5）勤观察日粮的一致性及均匀度

经常观察牛只的采食、反刍（牛只休息时要有40%的牛在反刍）及剩料情况。夏季定期刷槽。不空槽，勤匀槽。

（6）夏季及时处理产奶母牛的剩槽料

剩料可直接投喂给后备牛或干奶牛，避免长时间存放造成发霉变质，不要与新鲜饲料进行二次搅拌。

107.泌乳初期的母牛如何进行饲养管理？

母牛产犊后21d内，称为泌乳初期，也叫围产后期。母牛刚分娩不久，

气血亏损，消化机能弱，抵抗力差，生殖器官处于恢复阶段，乳腺机能旺盛，泌乳量逐日上升。因此，必须加强饲养管理，否则易出现乳房水肿，恶露不尽，严重时会发生产后麻痹症等。

为防止奶牛消化不良，减轻乳房水肿，产后3d内，可自由采食优质干草及少量麸皮（0.5kg）。4~5d后，日粮中添加少量青草、青贮饲料及块根饲料，以4~5kg为宜，以后根据乳房和消化情况逐渐增加喂量。3d后，日粮中加入混合精料1~1.5kg，以后每隔2~3d增加0.5~1kg。增量不可过急，特别是饼类饲料，不宜突然大量增加，否则易造成母牛消化机能紊乱，导致腹泻。在增料过程中，还应注意经常检查乳房的硬度、温度是否正常，如发现乳房红肿、热痛时应及时治疗。

有的奶牛产后乳房没有水肿，身体健康，食欲旺盛，可立即喂给适量精料和多汁饲料，6~7d后便可达标准喂量，挤奶次数和方法也可照常。对个别体弱的奶牛，在精料内可加些健胃药剂等。

一般奶牛产后15~20d体质便开始恢复，乳房水肿也基本消失，乳房变软，这时日粮可增加到产奶量所需要的标准喂量。

在管理上，产后头几天，可根据乳房情况，适当增加挤奶次数，高产奶牛最好挤奶4次以上。高产奶牛产犊后，因其乳腺分泌活动的增强很迅速，乳房水肿严重，在最初几天挤奶时不要将乳汁全部挤净，留有部分乳汁，以增加乳房内压，减少奶的形成。产后第1d，每次只挤2kg左右，够犊牛饮用即可，第2d挤出全天产奶量的1/3，第3d挤出1/2，第4d挤出3/4或者完全挤空，每次挤奶前要充分按摩与热敷乳房10~20min，使乳房水肿迅速消失。对低产牛和乳房没有水肿的母牛，可一开始就将奶挤干净。对体弱或三胎以上的高产奶牛，产后3h内静脉注射20%葡萄糖酸钙500~1500ml，可有效预防产后瘫痪。

产后1周内，必须每天有专人值班，如发现母牛有疾病，应及时治疗。若产后2h胎衣不下，应喂药或手术剥离。牛舍内要严防穿堂风，牛床上必须铺清洁干燥而充足的褥草，防止牛体受风湿及乳头损伤。

108.泌乳盛期的母牛如何进行饲养管理？

母牛产犊后22~100d，称为泌乳盛期。此期奶牛体况恢复，乳房水肿消退，泌乳机能增强，逐步进入泌乳高峰期，但采食量尚未达到高峰，奶牛摄入的养分不能满足泌乳的需要，不得不动用体内储备来支撑泌乳，因此，泌乳盛期开始时牛体重下降。如果体脂肪动用过多，当葡萄糖不足和糖代谢障碍时，会出现脂肪氧化不全，导致牛暴发酮病，尤其是高产奶牛。

(1) 提高日粮能量水平

泌乳盛期的主要任务是提高产奶量与减少体重消耗。此期奶牛大量泌乳，采食量尚未达到高峰，牛体迅速消瘦。饲养上，应增加精料，提高日粮能量水平和蛋白质含量，可添加植物性油脂或脂肪酸钙、棕榈酸酯等。

(2) 提高过瘤胃蛋白质的比例

泌乳盛期常会出现蛋白质供应不足的问题，饲料中的蛋白质由于瘤胃微生物的降解，到达真胃的菌体蛋白质和一部分过瘤胃蛋白质很难满足奶牛对蛋白质的需要量，因此要补充降解率低的饲料蛋白质，还可添加蛋白质保护剂，降低蛋白质在瘤胃的降解率。也可在日粮中添加经保护的必需氨基酸（如蛋氨酸），从而满足高产期奶牛对蛋白质的需求。

(3) 采用引导饲养法

引导饲养法是为了大幅度提高产奶量，从干奶期的最后 15d 开始，直到泌乳达到最高峰时，喂给奶牛高能量、高蛋白日粮的一种饲养方法。

具体做法：从母牛预期产犊前 2 周开始，在日喂精饲料 1.8kg 的基础上，逐日增加 0.45kg 的精饲料，到分娩时精料给量可达到体重的 0.5%～1%。待母牛分娩后，若体质正常，可在分娩前加料的基础上，继续逐日增加 0.45kg 的精料，直到每 100kg 体重采食 1～1.5kg 的精料为止，或达到自由采食精饲料。待泌乳盛期过后，再调整精料喂量。

整个引导期要保证提供优质饲草，任奶牛自由采食，以减少母牛消化系统疾病。

引导饲养法的优点：可使母牛瘤胃微生物得到及时调整，以逐渐适应产后高精料日粮；促进干奶母牛对精料的食欲和适应性，防止酮血病发生；可使多数母牛出现新的产奶高峰，增产趋势可持续整个泌乳期。

引导法对高产奶牛效果显著，但会导致中低产奶牛过肥，对产奶不利。对引导无效的奶牛，应淘汰出高产牛群。

(4) 补充矿物质和维生素

在奶牛的整个泌乳盛期，必须满足奶牛对矿物质和维生素的需求。应提高日粮中钙、磷的含量，同时添加含有锌、锰、镁、硒、铜、碘、钴、维生素 A、维生素 D、维生素 E 等组成的复合添加剂。

(5) 添加缓冲物质，调节瘤胃

pH 为了防止精饲料饲喂过多造成奶牛瘤胃 pH 下降的不利影响，应在日粮中每天添加氧化镁 30g 或碳酸氢钠 100~150g，以调节瘤胃 pH。

管理上，要注意乳房的保护和环境卫生。随着产奶量上升，乳房体积膨大，内压增高，乳头孔内充满乳汁，很容易感染病菌而引起乳房炎，所以要加强乳房热敷和按摩，每次挤奶后需对乳头进行药浴。牛床上应铺有柔软、清洁的垫草，奶牛活动区要经常消毒，保持清洁卫生。挤奶用具要定期消毒，对酒精阳性奶、隐性乳房炎及临床乳房炎患牛必须及时治疗。还要做好子宫机能恢复，发情后适时配种，以缩短产犊间隔。保证充足清洁饮水。

109.泌乳中、后期的母牛如何进行饲养管理？

泌乳中期是指产后 101~200d 的时期。该期特点是奶牛产奶量缓慢下降，每月下降幅度为 5%~7%，体重、膘情逐渐恢复，多数奶牛处于怀孕早期或中期。饲养管理的主要任务是减缓泌乳量的下降速度。

泌乳中期仍是稳定高产的良好时机。饲养上，日粮营养逐渐调整到与母牛体重和产奶量相适应的水平，即适当减少精料量，增加青粗饲料的比例，力求使产奶量下降幅度减到最低程度。管理上，加强运动，正确挤奶及乳房按摩，供给充足饮水。对妊娠母牛注意保胎，对未孕母牛做好补配工作。

泌乳后期是指母牛产犊后 201d 至停奶前的时期。此期的特点是母牛已到妊娠后期，产奶量急剧下降，胎儿生长发育很快，也是母牛体重恢复的阶段，母牛需要大量营养来满足胎儿快速生长发育的需要。这时既要考虑助母牛恢复体况，又要防止母牛过肥。

在饲养上，日粮中应含有较多的优质粗饲料，根据奶牛产奶量、体况确定精料补给量，以满足母牛泌乳、恢复体况、胎儿生长的需要，为下胎持续高产打下基础。对体况消瘦的牛，要增加营养，尽快恢复体重，达到 3.0~3.8 分的体况。在管理上，要注意防流保胎。

110.干奶期的母牛如何进行饲养管理？

干奶期母牛的饲养管理可分干奶前期和干奶后期两个阶段。

(1) 干奶前期的饲养

从干奶开始到产犊前 3 周为干奶前期。奶牛进入干乳期后不再泌乳，但此阶段胎儿生长发育较快，仍需加强饲养管理，特别是对营养状况不良的母牛，要给予较丰富的营养，使其在产前有中上等膘情，体重比泌乳末期增加 50~80kg。一般可按每天产奶 10~15kg 时所需的饲养标准进行饲养，日给 8~10kg 的优质干草、15~20kg 多汁饲料与 3~4kg 混合精料。但粗饲料与多汁饲料不宜喂得过多，以免压迫胎儿引起早产。对营养良好的母牛，一般只给予优质的粗饲料即可，食盐和矿物质可任其自由舔食。

(2) 干奶后期的饲养

产犊前 3 周至分娩为干奶后期。此期应调整母牛日粮中精料水平，以贮备产犊后泌乳的营养，尤其是高产母牛的精料水平应更高些。母牛产前 4~7d，如乳房过度膨胀或水肿严重，可适当减少或停喂精料及多汁饲料，如果乳房不硬，则可照常饲喂各种饲料。产前 2~3d，日粮中加入麸皮等具有轻泻性的饲料，以防便秘。严禁饲喂酒糟、马铃薯、棉籽饼等，以免引发流产、难产或胎衣不下等疾病。

(3) 干奶期的管理要点

①做好保胎工作：保持饮水清洁卫生，冬季饮水温度应在 10~15℃，不喂发霉变质和霜冻结冰的饲料。当孕牛腹围不随妊娠月龄增大时，应及时进行检查，防止出现妊娠中断而引起产犊间隔延长。当母牛腹围过大、乳房水肿时，应减少其站立时间，提前将母牛放出棚外，令其自由活动。产前 14d 进入产房，进产房前应对产房彻底消毒，铺垫干净柔软的干草，并设专人值班。有条件的牛场可设干奶牛舍，将产前 3 个月的头胎牛和干奶牛进行集中饲养。

②坚持适当运动：必须与其他牛群分开，以免互相挤撞造成流产。干奶母牛缺少运动时容易过肥，易导致难产。

③坚持按摩乳房，促进乳腺发育：一般干奶 10d 后开始乳房按摩，每天 1 次。但产前出现乳房水肿（经产牛产前 15d，头胎牛 30~40d）应停止按摩。

④加强皮肤刷拭，保持皮肤清洁。

111.干奶的方法有哪些？

干奶是通过改变泌乳活动的环境条件来抑制乳汁分泌。根据产奶量和生理特性，干奶法可分为两种，即逐渐干奶法和快速干奶法。

(1) 逐渐干奶法

在预计干奶前 1~2 周，通过变更饲料（逐渐减少青草、青贮饲料、多汁饲料及精料的喂量）、限制饮水、延长运动时间、停止乳房的按摩、减少挤奶次数（3 次减为 2 次，再减为 1 次）、改变挤奶时间等办法，抑制乳腺的分泌活动，当产奶量降到 4~5kg 时，挤净最后一次即可停止挤奶。这种方法安全，但比较麻烦，需要时间长，适用于高产奶牛。

(2) 快速干奶法

在预计干奶日突然停止挤奶，以乳房内乳汁充盈的高压力来抑制乳汁的分泌活动，从而达到停奶。

具体做法：在预计干奶的当天，用 50℃温水洗擦并充分按摩乳房，将奶彻底挤净后即停奶。挤完后用 5% 的碘酊浸一浸乳头，并在每个乳头孔内注入长效抑菌药物，然后用火棉胶封闭乳头。乳房中存留的乳汁，经 3~5d 后逐渐被吸收。这种方法因饲养管理没有改变，快速果断，断奶时间短、省时、省力，不影响母牛健康和胎儿生长发育，但对患过乳房炎或正患乳房炎的母牛不适合。

无论采用哪种方法，为预防乳腺炎的发生，最后一次挤奶必须完全挤净，并向每个乳头内注入抗生素制剂的油膏封闭乳头。在停止挤奶后 3~4d 内，要随时观察乳房的变化，如果乳房肿胀不消，局部增温，有硬块、疼痛等症状出现，母牛表现不安，应重新把乳房中的乳汁挤净，再继续采取干奶措施。患乳房炎的牛应治愈后再进行干奶。还应注意，干奶前必须检查妊娠情况，确定妊娠后再干奶，且操作应谨慎，以防流产。

112. 初产奶牛如何饲养管理？

初产奶牛是指第一次妊娠产犊的母牛。初产奶牛本身仍在继续生长发育，且要担负胎儿的生长发育，因此牛在分娩前须获取足够的营养，才能保证自身和胎儿生长发育的营养需要，使第一个泌乳期及其终生具有较高的产奶量。

(1) 初产奶牛的饲养

15~17 月龄正常发育的母牛已配种妊娠，18~20 月龄时，处于妊娠前期，胎儿增长较慢，所需营养不多，不必进行特殊饲养。产犊前 2~3 个月，由于胎儿生长发育加快，子宫的重量和体积增加较多，乳腺细胞也开始迅速发育，所以要适当提高饲养水平，以满足自身生长、胎儿发育和储备营养的需要。日粮应仍以青粗饲料为主，适当搭配精饲料，使母牛体况达到中、上等水平，如营养过剩，则牛体过肥，影响产奶量，营养不足，则影响牛体自身和犊牛的正常发育。临产前1~2周，当乳房已经明显膨胀时，应适当减少多汁饲料和精料的喂量，以防加重乳房的肿胀，可任其自由采食优质干草。

（2）初产奶牛的管理

①加强保胎，防止流产：分群管理，不要驱赶过快，防止牛互相挤撞，不可喂给冰冻或霉变的饲料，防止机械性流产或早产。

②进行乳房按摩，调教挤奶：一般在产犊前4~5个月开始进行乳房按摩，每天按摩2次，每次3~5min。开始时手法要轻一点，约经10d训练后，即可按经产牛一样按摩，到产前2~3周停止按摩。按摩时，注意不要擦拭乳头，因为乳头表面有一层蜡状保护物，擦去后易引起乳头龟裂，而且擦拭乳头时易擦掉乳头塞，使病原菌从乳头孔侵入乳房而发生乳房炎。

初产奶牛应由有经验的挤奶员进行管理。初产牛常表现胆怯，乳头较小，挤奶比较困难。所以挤奶前应该施加安抚，使其消除紧张，便于挤奶操作，如果粗暴对待，会增加挤奶难度，使产奶量下降，还会使牛养成踢人的恶癖。

③做好产前、产后的准备和护理工作：初产母牛比经产母牛容易发生难产，产前工作要准备充分，产后要精心护理。

113.高产奶牛饲养管理上要特别注意哪些问题？

我国《高产奶牛饲养管理规范》规定，305d产奶量6 000kg以上（初产牛达5 000kg，成母牛达7 000kg以上）、含脂率达3.4%的奶牛为高产奶牛。高产奶牛一般日产奶量在30kg以上，每天需要采食80~100kg饲料，约折合干物质20~25kg，消化系统及整个有机体的代谢强度都很大。代谢机能强，采食饲料多，饲料转化率高，对饲料和外界环境敏感，是高产奶牛的特点，因此，必须对高产奶牛进行特殊照顾。

（1）高产奶牛的饲养

①加强干奶期的饲养：为了补偿前一个泌乳期的营养消耗，贮备一定营养供产后产奶量迅速增加的需要，同时使瘤胃微生物区系在产犊前得以调整，以适应高精料日粮，干奶后期要增加精饲料喂量，实施引导饲养，防止泌乳高峰期内过多地分解体脂肪，发生代谢病而影响产奶和牛体健康。

日粮以粗饲料为主,精料一般不超过 5kg。在产犊前 2~3 周提高精料水平,精料增加要逐渐进行,每天的增加量少于 0.45kg,直至精料的喂量达到体重的 1%~1.2%。

②提高日粮干物质的营养浓度:高产奶牛饲养的关键时期是从泌乳初期到泌乳盛期。高产奶牛分娩后,产奶量迅速上升,对营养物质的需要量也相应增加。此期,受采食量、营养浓度及消化率等方面的限制,奶牛不得不动用体内的营养物质来满足产奶需要。一般高产牛在泌乳盛期过后体重要降低 35~45kg。体重降低过多或持续时间较长,容易出现酮血症或一系列机能障碍。因此,在供给优质干草、青贮饲料、多汁饲料的同时,必须增加精饲料比例,提高干物质的营养浓度(见表 5-2)。

表 5-2 高产奶牛的精粗料干物质之比和日粮粗纤维含量

阶 段	干奶期	围产后期	泌乳盛期	泌乳中期	泌乳后期
精粗料干物质之比	25∶75	40∶60	60∶40	40∶60	30∶70
日粮中粗纤维含量	≥20%	≥23%	≥15%	≥17%	≥20%

③日粮中能量和蛋白质比例适宜:高产奶牛产奶量高,在保证蛋白质供应的同时,要注意能量与蛋白质的比例。奶牛产奶需要很多能量,若日粮中作为能源的碳水化合物不足,蛋白质就得脱氨氧化供能,其含氮部分则由尿排出,蛋白质没有发挥其自身的营养功能,造成蛋白质资源浪费,也增加了机体代谢的负担。因此,在升奶期要避免单独使用高蛋白饲料"催奶"。

④补充维生素:高产奶牛的子宫复原缓慢、不能及时发情或发情不明显、受胎率低等现象与营养不足有直接关系。尤其是维生素 A、维生素 D、维生素 E 及常量和微量元矿物质元素,日粮中添加这些维生素和矿物质,可以有效地改善母牛的繁殖机能。添加量分别为每日每头维生素 A 50 000IU、维生素 D_3 6 000IU、维生素 E 1 000IU、β-胡萝卜素 300mg。另外补足矿物质。

⑤注意日粮的适口性:日粮要求营养丰富,易消化,易发酵,适口性好。日粮组成既要考虑营养需要,还要满足瘤胃微生物的需要,促进饲料更快地消化和发酵,产生尽可能多的挥发性脂肪酸,满足奶牛对能量的需要。牛奶中 40%~60% 的能量来自挥发性脂肪酸。

⑥增强奶牛食欲:高产牛采食量高峰期比泌乳高峰期晚 6~8 周,因

此，要注意保持其旺盛的食欲，提高母牛消化能力。粗饲料自由采食，精饲料每日分3次喂给。产犊后，精料增加不宜过快，否则容易影响食欲，每天增加量以0.5~1kg为宜，日喂量一般不要超过10kg。在精料中加入1.5%小苏打有利于增加食欲，增加产奶量，对预防酮病和瘤胃酸中毒等代谢病作用明显。

⑦增加饲料中过瘤胃蛋白质和瘤胃保护性氨基酸的供给量：由于高产奶牛泌乳量高，瘤胃供给的菌体蛋白和到达皱胃、小肠的过瘤胃蛋白已不能满足机体对蛋白质的需要，添加额外的过瘤胃蛋白质和瘤胃保护性氨基酸是提高日粮蛋白质营养的有效措施。

⑧添加一定的异位酸和胆碱：异位酸能促进瘤胃内纤维素分解菌的生长繁殖，增加瘤胃内的菌体蛋白，所以在日粮中添加异位酸能提高产奶量。胆碱能促进牛体的新陈代谢，有利于体脂的转化，减少酮血症的发生。

⑨使用阴离子盐：在围产前期喂给母牛硫酸盐、氯化铵、氯化钙等阴离子盐，可减少产犊过程中酸中毒、产后瘫痪和皱胃变位的发病率。另外，在产犊前注射维生素D_3，产前使用低钙日粮，产犊后恢复高钙日粮，能有效防止产后瘫痪和胎衣不下。

⑩应用TMR饲养技术：机械化程度较高的大中型奶牛场应大力推行TMR饲养技术。

(2) 高产奶牛的管理

对高产奶牛的管理，除坚持一般的管理措施外，还应注意以下几点。

①注意牛体牛舍卫生：高产奶牛必须在牛床上铺上柔软垫料，坚持刷拭，保护肢蹄，保持牛体和环境的清洁卫生。

②坚持运动：必须保证每天3~4h的运动，以增强体质，维持组织器官正常的功能。对乳房体积大、行动不便的个体，可做牵遛运动。

③科学干奶：干奶期不少于60d。干奶后要加强乳房的观察和护理。

④做好防暑降温和防寒保暖措施：炎热对奶牛极为不利，尤其是高产牛的反应更大，要采取有效措施，减少热应激对奶牛的影响。冬季牛舍要防寒保暖防贼风。

⑤正确挤奶：挤奶操作和挤奶机性能必须符合标准要求，减少机械、挤奶对奶牛的负面作用。

114.奶牛养殖最忌什么?

(1) 忌过早配种

不少奶牛养殖户的犊牛出生后未足 14 个月龄,体重才 250kg 左右时就急于配种,常致头胎难产,阴户破裂,严重的还会继发子宫内膜炎,影响以后的繁殖。因此养牛户千万不能急于求成,只有在奶牛完全性成熟、体重达 350~400kg 时才能配种繁殖。

(2) 忌一直挤奶

一些养牛户从母牛产后一直挤奶,没有干奶期,造成奶牛过度消耗营养,出现发情不明显、性周期紊乱、较难受孕进而影响泌乳量的提高等问题。因此,应在产犊前 2 个月左右停止挤奶,让奶牛有充分的时间来弥补营养的损耗,为夺取下胎较高产奶量打下基础。

(3) 忌干奶期大幅减料

奶牛经过产犊泌乳,体内营养损失多,加上怀孕、胚胎发育对营养的需要,均需在干奶期恢复补充。而不少奶牛养殖户认为不挤奶时应喂差些,便大幅度减少精料喂养,结果造成临产奶牛膘情严重下降,产犊过程延长,犊牛体质瘦弱,泌乳质量差,产量低。因此,奶牛除刚干奶后几天和临产前几天可适当减少精料喂量外,干奶期喂料量一定要供给充足的精料,一般日喂量以占母牛体重的 0.8% 为宜。

(4) 忌不刷牛体

奶牛皮肤新陈代谢明显,对外界尘土敏感。当被毛附有干粪便或长有寄生虫时,奶牛会感到不舒服,常用舌舔或用身体擦干等方式除痒,影响睡眠,消耗不必要的营养。平时应保护牛体卫生清洁,做好体外寄生虫的防治,并坚持每天用刷子或梳子刷拭一次。

(5) 忌不运动

很多奶牛养殖户习惯将母牛从早到晚一直用绳系颈拴养,限制了奶牛的活动,带来奶牛难产、胎衣不下、发情滞后、体况较差及犊牛发育较慢等不良后果。因此,奶牛平时除拴养外,还必须保证其每天有不少于 2h 的户外活动时间,犊牛应让其在犊牛栏内自由活动,这样可有效促进新陈代谢,增加食欲,保证正常繁殖,提高抗病能力。

(6) 忌不讲卫生

不少奶牛户认为奶牛抗病力很强,在养殖中不注意环境消毒和饲料饮水卫生，往往导致奶牛染病死亡。冬春季每周必须用生石灰、来苏儿等对牛舍及周围环境消毒一次，夏秋季每周消毒两次，并做到饲料、饮水卫生，不喂霉变饲料。

115.鲜牛奶在收纳时应检验哪些项目？

牛奶在处理和利用前都要经过验收，若有不合格牛奶混进大量牛奶中会造成很大的损失。牛奶的来源不同，检验项目也不同。确知来源可信的牛奶，在检验时只进行感官检验、酒精试验等项目。对来源不定或情况不明的牛奶，应在以上检验项目的基础上进行比重测定、乳脂率测定、防腐剂抽查、酸度滴定及煮沸试验等。

（1）感观检查

依据感官判断牛奶的色泽、气味是否正常。新鲜牛奶应具有牛奶特有的滋味和气味，不得有饲料味、苦味、臭味、霉味、涩味等。色泽应为白色或乳白色，不得呈红色、绿色或明显的黄色。性状上应为均匀无沉淀的流体。当发现牛奶在感观上有异常情况时，应判断可能存在的原因，并进一步检验。

（2）酸度测定

用酸度计测定牛奶的酸度。只要牛奶不超过一定酸度即可利用，因此经常只测定"界限酸度"。界限酸度是指某一用途下作为原料奶的酸度要求的最高限度数值。例如，市场乳酸度一般要求不超过20°T，对制造炼乳的原料奶则要求不超过18°T，特别是淡炼乳的要求更严格。界限酸度测定方法如下。

①中和试验：预先在试管中注入0.01molNaOH溶液2ml（要求界限酸度18°T，可加1.8ml）或加入0.02molNaOH1ml（如界限酸度为18°T，则加0.9ml），再加入一小滴酚酞指示剂。检查时向试管中注入1ml待测牛奶，充分混合后，如呈红色，即说明酸度在20°T以下，是合格奶，如为白色，则是超过20°T的不合格奶。

②酒精试验：在玻璃器皿内加入1ml待检牛奶，然后加入等量的68%的酒精，充分混合后，使其在器皿中流动，如在器皿底部出现白色颗粒或絮状物，即说明此乳酸度已超过20°T。根据絮状物的大小，推知超过的程度。采用同样的方法用70%的酒精测定，可使酸度超过18°T的牛奶产生沉淀。

(3) 奶成分测定

用自动测定仪测定乳脂率、乳蛋白、水分、干物质含量等。该法最为迅速且较可靠，是确定牛奶价格的依据。化工原料三聚氰胺（含氮量66.7%），是一种无特殊气味的白色晶体，添加在原奶或奶制品中，可显著提高原奶和奶制品的蛋白质检测数值。人体长期或反复摄入一定量的三聚氰胺，会对肾与膀胱产生不利影响，损害健康。所以，应改目前采用的检测粗蛋白质为检测氨基酸，以保证检测结果的准确性。

(4) 杂质度测定

奶罐和奶桶里的奶要仔细检查杂质度。检查的方法是用一根吸管在奶桶底部取样，用滤纸过滤。如果滤纸上留下可观察到的杂质，证明奶的质量有问题。

除了上述检查外，必要时还应进行细菌含量的测定及体细胞数测定，以检验奶的受污染程度及牛乳房的功能。

(5) 奶的称重

牛奶计量多采用直接称重的办法。小规模的多利用磅秤，连桶称重，然后除去桶重即为净重。大规模的收奶则需要专用的奶磅或自动秤，在这种计量秤上常附有一个牛奶的过滤筛，即在两层金属网中间夹入数层纱布，当牛奶流入时即可将奶中杂质滤去。

大型奶品厂利用奶槽车运输牛奶，多利用奶泵直接将奶泵入贮奶罐中，在泵奶过程中利用装在输奶管中间的流量计可直接指示出牛奶的量。

116.如何对鲜奶进行过滤和净化？

在挤奶和收奶过程中，尤其是手工挤奶，难免落入一定的尘埃、牛毛、饲料、粪屑及上皮细胞等，这些杂物的混入不仅使牛奶外观不洁，并且带入相当数量的微生物，加速牛奶变质。因此，牛奶加工利用前必须过滤与净化。

(1) 牛奶的过滤

手工挤奶的奶牛场，通常用3~4层消毒纱布过滤，以除去牛奶中的污物和减少细菌数量。其方法是：挤奶时，将折叠成3~4层的消毒纱布扎盖在奶桶口上，挤出的乳汁通过纱布倒入桶中，起到过滤作用。纱布每次过滤奶不得超过50kg，每次用后，要及时洗净、消毒、干燥后备用。

机器挤奶或奶品加工厂，均采用过滤器过滤或在输奶管道上隔段加装过滤桶进行压力过滤,但压力不宜过大,过滤速度不宜过快。过大的压力会使本来不能通过的杂质通过过滤网进入奶中。过滤桶应按时更换和消毒。

(2) 牛奶的净化

现代化工厂多利用净奶机净奶。基本原理是将牛奶通过高速旋转的离心罐内的离心作用,使奶中较重的杂质因重力关系迅速黏附于罐的四壁,使牛奶达到净化。良好的净奶机不仅能把奶中尘埃除去,还可以将奶中的大部分的腺体细胞及细菌除去,因此较一般过滤法优越。净奶机在运转一定时间后,即应停机清除污垢。新型净奶机可自动排污,连续作业,效率更高。

模块六
肉牛生产技术

117.肉牛的生长有何规律？

(1) 体重的增长规律

肉牛的体重增长比其他非肉用品种增重快。肉用品种中，大型品种较中小型品种增重快，公牛增重比阉牛快，阉牛增重比母牛快，营养水平高的比营养水平低的增重快。肉牛一生中体重增长不均衡，出生到断奶生长较快，断奶到性成熟生长最快，以后逐渐变慢，成年后基本停止生长。

(2) 体组织的生长规律

牛的体组织主要是肌肉、脂肪和骨组织，肌肉生长速度从出生到8月龄强度最大，8~12月龄减慢，18月龄后更慢。肌肉纤维随年龄增长变粗。脂肪生长速度12月龄前较慢，以后变快，生长顺序是先贮积内脏器官附近，即网油和板油，然后是皮下，最后沉积在肌纤维之间，使肉质变细嫩多汁。骨的发育在胚胎期生长速度快，出生后生长慢且较平稳，最早停止生长。

118.何谓补偿生长？

牛在生长发育的某个阶段，由于饲料不足，生活环境突然变化或因疾病造成生长速度下降，甚至停止，一旦恢复高营养水平饲养或环境条件满足了生长发育需要，则生长速度比正常饲养时还快，经过一定时期的饲养，仍能恢复到正常体重，这种特性叫补偿生长。

但是补偿生长不是在任何情况下都能获得的。生长受阻若发生在出生至3月龄或胚胎期，则以后很难补偿。生长受阻时间越长，越难补偿，一般以3个月内，最长不超过6个月补偿效果较好。补偿能力与进食量有关，进食量越大，补偿能力越强。同时，补偿期需改善饲养管理环境。

119.影响产肉性能的因素有哪些？

（1）遗传因素

①品种类型：不同品种类型的牛产肉性能有很大差别。专门化肉用牛比乳用牛、兼用牛及役用牛生长快，节约饲料，并能获得较高的屠宰率和净肉率；脂肪沉积均匀，能较早地形成肌肉脂肪，使肉具有大理石状花纹，肉味优美。一般专门化肉牛育肥后的平均屠宰率为60%~65%，最高可达68%~72%，兼用品种为55%~60%，我国黄牛一般在58%以下。

在同等饲养条件下，肉用牛不同品种的产肉能力也有差别，一般大型晚熟品种的初生重和日增重高，产肉能力强，小型早熟品种成熟早，屠宰率高，能较早达到胴体品质要求。

②杂交：杂交是提高肉牛生产性能的重要手段。采用专门化肉牛与本地黄牛杂交，杂交后代生长速度和肉的品质都能得到很大提高。如夏洛来与本地黄牛杂交，周岁体重提高50%，屠宰率提高5%，净肉率可提高10%。若进行三元杂交，效果更为明显。

（2）生理因素

①年龄：肉牛增重速度、胴体质量和饲料消耗与年龄关系十分密切。年龄越大，增重速度越慢，饲料转化率越低，一般是1岁内增重最快，2岁时仅为1岁前的70%，3岁时只有2岁时的50%。从肉质看，幼牛肉质细嫩，水分含量高，脂肪少，肉色淡，可食部分多，年龄越大，肉质越差。所以选择2岁前的牛育肥效果最好。

②性别：由于雌、雄激素的原因，使牛的性别影响生长速度与肉的品质。同样饲养条件下，母牛生长肥育速度慢，但肉质肌纤维细，结缔组织少，肉味亦好；小公牛生长快，饲料转化率高，瘦肉多，屠宰率和眼肌面积大，肉色鲜艳，风味醇厚；去势公牛生长速度介于公母牛之间，易育肥，肉色较淡，脂肪含量高。从早熟性看，公牛晚熟，母牛早熟，去势公牛居中。

（3）环境因素

①营养水平：日粮营养是转化牛肉的物质基础。恰当的营养水平结合牛体的生长发育特点能使育肥牛提高产肉量，并获得含水量少、品质优良的牛肉。

②管理状况：科学的管理方法也能提高育肥牛的增重效果。肉牛在10~21℃环境条件下有利于生长发育，低于7℃，牛的维持需要增多，增重和饲料转化率低，环境温度高于27℃，采食量下降，体重降低，所以为牛创造适宜的生活环境对牛的育肥效果意义重大。此外，圈舍卫生、经常刷拭牛体、育肥前驱虫防疫，均有利于提高育肥效果。生长期加强运动和光照有利于机体各器官的生长发育，增强体质，提高生活力，但催肥期要限制运动，保持较暗的环境有利于休息，以降低能量消耗，利于催肥。

(4) 肥育期与屠宰期

肥育期与屠宰期也影响牛的产肉能力。适宜的肥育期和屠宰期能以较低成本生产出大量优质牛肉。肉牛肥育有犊牛、青年牛和成年牛肥育，都以肥育开始的年龄为界。什么年龄肥育要根据对产品的要求、肥育时间、饲料情况及资金周转、市场变化等情况而确定。

根据目前我国肉牛生产情况，选择18~24月龄的青年牛进行肥育最好。研究认为，18~24月龄的青年牛的生长能力比其他年龄段的牛高20%~60%。肥育期长短以4~6个月为好，肥育期过短，增重潜力难以充分发挥，达不到屠宰体况，肥育期过长，采食量下降，增重减缓，成本增加。

肉牛肥育到一定程度时，食欲减退，饲料转化率降低，日增重下降，如果继续肥育很不划算。正确把握肥育牛的最佳屠宰期，不仅对饲养者节约投入、降低成本、提高养牛经济效益有利，而且对保证牛肉品质也具有极其重要的意义。生产中，一般当牛体重达450~500kg，绝对采食量随肥育期延长而下降至正常采食量的1/3以下或日采食干物质为活重的1.5%以下时，可认为已达到最佳屠宰期。也可根据肥育牛膘情来判断，如尾根下平坦无沟，肩部、胸垂部、背腰部、上腹部、臀部等处肌肉丰厚，脂肪沉积良好，整个外观特别圆滑丰满，大腿肌肉附着优良，并向外突出和向下延伸时，便为最佳屠宰期。

120.肉用犊牛的饲养管理要点是什么？

(1) 尽早吃足初乳

由于肉用母牛泌乳性能较差，所以肉用犊牛一般采用随母哺乳法。犊牛出生后应在1h内让其吃到初乳。健康犊牛在能够自行站立时，让其接近母牛后躯，吮吸母乳。体弱者可人工辅助，可挤几滴母乳于干净手指上，让犊牛吸吮手指，而后引导到乳头助其吮奶。吃不到亲生母牛初乳的犊牛，最好为其找保姆牛,先把保姆牛的乳汁或尿液抹在犊牛头部和后躯,以混淆保姆牛的嗅觉,直到母牛认犊为止。

(2) 饲喂常乳

肉用犊牛随母哺乳时,每昼夜7~9次,每次12~15min。应注意观察犊牛哺乳时的表现,当犊牛哺乳时频繁地顶撞母牛乳房,而吞咽次数不多时,说明母牛产奶量低,犊牛不够吃。如犊牛吸吮一段时间后,口角出现白色泡沫,说明犊牛已吃饱,应将犊牛拉开,否则易因哺乳过量而引起消化不良。一般而言,大型肉犊牛平均日增重700~800g,小型肉犊牛平均日增重600~700g,若增重达不到上述要求,应加强母牛的饲养水平或对犊牛直接补饲。

对母牛死亡或找不到保姆牛的犊牛可采用人工哺喂,将牛奶隔水加热至38~40℃,2周龄内日喂4次,3~5周龄日喂3次,6周龄以上日喂2次。喂量可参考表6-1。哺乳期一般为5~6个月,不留作后备牛的犊牛可实行4月龄断奶或早期断奶,但必须加强营养。

表6-1 肉用犊牛的喂奶量(kg/d)

周龄	1~2	3~4	5~6	7~9	10~13	14以后	全期用量
小型牛	3.7~5.1	4.2~6.0	4.4	3.6	2.6	1.5	400
大型牛	4.5~6.5	5.7~8.1	6.0	4.8	3.5	2.1	500

要经常观察犊牛的精神状态及粪便。健康的犊牛体型舒展,行为活泼,被毛顺而有光泽。若被毛乱而蓬松,垂头弓腰,行走蹒跚,咳嗽,流涎,叫声凄厉,则是有病的表现;若粪便变白、变稀,则是最常见的消化不良的表现,此时只需减少20%~40%的喂奶量,并在奶中加入30%的温开水饲喂,即可很快痊愈,不必用药。

(3) 开食补饲

母牛产后2个月产奶量就开始下降,为使犊牛能够正常生长发育,并锻炼消化器官的功能,必须尽早开食补饲,一般犊牛生后7~10d即可训练采食干草。在犊牛栏草架上放置优质干草,供其采食咀嚼,15~20日龄训练采食精料,开始时在喂完奶后将料涂抹在犊牛嘴唇上诱其舔食,经2~3d后可在犊牛栏内放置料盘,任其自由采食。最初每日每头喂20~30g,数日后可增到80~100g,并随日龄增加逐渐加大喂量。

补饲的精料要求粗蛋白质占18%~20%,粗脂肪占6%~7%,粗纤维小于5%，钙占0.60%，磷占0.42%，另添加维生素和微量元素添加剂。根据这个原则，可结合本地条件确定配方和喂量。配方可参考：玉米占30%，燕麦占20%，小麦麸占10%，豆饼占20%，亚麻籽饼占10%，酵母粉占7%，维生素、矿物质占3%；或玉米占50%，小麦麸占15%，豆饼占15%，棉粕占13%，酵母粉占3%，磷酸氢钙占2%，食盐占1%，微量元素、维生素、氨基酸复合添加剂占1%。

（4）尽早饮水

生后1周可在饮水中加入适量牛奶，借以引导。开始饮36～37℃的温开水，20日龄后可改饮常温水，5周龄后在运动场内备足清水，任其自由饮用，但水温不宜低于15℃。

（5）加强管理

肉用犊牛的管理方式与奶用犊牛相似。主要是注意卫生、定期消毒防疫、称重编号、分栏分群、防寒防暑、及时断奶、加强运动、公犊去势去角等。

121.如何对肉用育成母牛进行饲养管理？

（1）饲养

肉用品种较乳用品种牛代谢强度低，放牧是首选的饲养方式。有放牧条件的地区，肉用育成母牛应以放牧为主，视草地牧草情况适当补饲精料。

育成母牛在不同年龄阶段，其生理变化与营养需求不同。断奶至周岁的育成母牛，性器官与第二性征发育很快，体躯向高度急剧生长，达到生理上的最高生长速度，因此在饲养上要求供给足够的营养物质。除给予优质的牧草、干草和多汁饲料外，还必须给予一定的精料，同时日粮要有一定的容积以刺激前胃的继续发育。组织日粮时，粗料可占日粮总营养的50%～60%，混合精料占40%～50%，到周岁时粗料逐渐增加到70%～80%，精料降至20%～30%。不同的粗料要求搭配的精料质量也不同，用豆科干草作粗料时，精料需含8%～10%的粗蛋白质，若用禾本科干草作粗料时，精料粗蛋白质含量应为10%～12%，用青贮饲料作粗料时，则精料应含12%～14%的粗蛋白质。

12～18月龄的育成母牛，消化器官更加扩大，为了进一步刺激增长，日粮应以粗饲料和多汁饲料为主。以干物质算，粗饲料占75%，精饲料占25%。日粮中可消化粗蛋白质的20%～25%可用尿素替代。

18~24月龄的育成母牛，生长速度变缓，体躯明显向宽、深发展，并已进入配种繁殖期。丰富的饲养条件容易在体内沉积大量脂肪，因此这一阶段的日粮营养不能过于丰富，应以品质优良的干草、青草、青贮料及氨化秸秆为主，精料可以少喂或不喂。但到妊娠后期，由于体内胎儿生长迅速，必须另外补加混合精料，每日2~3kg。

(2) 管理

①分群：育成母牛在6月龄时与育成公牛分开，并以年龄段组群，将年龄及体格大小相近的牛分在一起，月龄差异最好不超过1.5~2个月，活重亦不超过25~30kg。

②定槽：圈养拴系式管理的牛群，定槽是必不可少的，保证每头牛有自己的牛床和食槽。牛床和饲槽要定期消毒。

③加强运动：充足的运动是培育育成牛的关键之一。在舍饲条件下，每天至少要有2h以上的驱赶运动。

④转群：育成母牛在不同生长发育阶段生长速度不同，应根据年龄、发育情况按时转群，一般在12月龄、18月龄、受胎后或至少分娩前2个月共3次转群。同时称重并结合体尺测量，淘汰发育不良的。

⑤乳房按摩：为了刺激乳腺的发育和促进产后泌乳，12~18月龄的育成母牛需每天按摩1次乳房，妊娠母牛每天按摩2次，每次按摩时用热毛巾敷擦乳房，产前1~2个月停止按摩。

⑥刷拭：为了保持牛体清洁，促进皮肤代谢和驯成温顺的气质，每天刷拭1~2次，每次5min。

⑦初配：育成母牛满18月龄，体重达成年时的70%即可配种。育成牛不如成年牛发情明显和规律，所以在配种前1个月应注意其发情表现，以防漏配。

⑧其他：春秋驱虫，定期检疫和防疫注射，做好防暑防寒工作。

122.妊娠期母牛的饲养管理如何进行？

妊娠母牛的饲养管理，其主要任务是保证母牛的营养需要和做好保胎工作。妊娠母牛的营养需要与胎儿生长有直接关系。妊娠牛若营养不足，会导致犊牛初生重小、生长慢、成活率低。妊娠5个月前胎儿生长发育较慢，可以和空怀牛一样饲养，一般不增加营养，只保持中上等膘情即可。胎儿增重主要在妊娠的最后3个月，此期的增重占犊牛初生重的70%~

80%，需要从母体吸收大量营养。若胎儿期生长不良，出生后将难以补偿，犊牛增重速度减慢，饲养成本增加。母牛还需要在体内蓄积一定养分，以保证产后泌乳。到分娩前母牛至少需增重 45~70kg，才足以保证产后的正常泌乳与发情。

(1) 舍饲饲养

饲养的总原则是根据不同妊娠阶段按饲养标准供给营养，以混合干草为主，适当搭配精料。

妊娠前 5 个月，如处在青草季节，母牛可以完全喂青草而不喂精料，冬季日粮应以青贮、干草等粗饲料为主，缺乏豆科干草时，少量补充蛋白质精料和尿素，以降低饲养成本。

妊娠 6~9 个月，若以玉米秸或麦秸为主，母牛很难维持其最低营养需要，必须搭配 1/3~1/2 的豆科牧草，另外加 1kg 左右混合精料。精料应选择当地资源丰富的农副产品，如麦麸、饼类，再搭配少量玉米等谷物饲料，并注意补充矿物质和维生素 A。其配方可参考玉米占 27%、大麦占 25%、饼类占 20%、麦麸占 25%、矿物质占 1%~2%、食盐占 1%~2.5%，1kg 精料另加维生素 A 3 000~3 600IU。

妊娠母牛要禁喂未脱毒的棉籽饼、菜籽饼、酒糟及冰冻、发霉变质饲料。饮水温度应不低于 10℃。每天饲喂 2~3 次，饮水 3 次，可采用先粗后精的饲喂顺序，即先喂粗料，待牛快吃饱时，在粗料中拌入部分精料和多汁饲料碎块，引诱牛多采食，最后将余下的精料全部投饲。

(2) 放牧饲养

由舍饲转入放牧要有过渡阶段，严防"抢青"拉稀，甚至流产。夏秋季节可尽量延长放牧时间，一般不补饲。冬春枯草季节要补饲，特别是对妊娠最后 2~3 个月的母牛应进行重点补饲。根据牧草质量和牛的营养需要确定补饲草料的种类和数量。精料补饲量每头每天 0.8~1.1kg，由 50%玉米、10%糠麸类、30%饼类、7%高粱或大麦、2%石灰石粉、1%食盐组成，1kg 精料另加维生素 A 2 800~3 200IU。

(3) 妊娠母牛的管理

肉牛难产率较高，尤其初产母牛，运动是防止难产的有效途径，同时运动还可增强母牛体质，促进胎儿发育，所以必须加强母牛的运动，但要防止母牛发生挤、碰、滑、跌及角斗。刷拭能增强母牛健康，也是一项重要管理工作。特别是头胎母牛，除刷拭外，还要进行乳房按摩，以利乳房发育和产后犊牛哺乳。产前15d，要将母牛移入产房，由专人饲养和看护，发现临产征兆，估计分娩时间，准备接产工作。

123.哺乳期母牛的饲养管理如何进行？

母牛泌乳量的高低关系到犊牛断奶重的高低，母牛泌乳量高是犊牛全活全壮的基础，所以哺乳母牛饲养管理的主要任务是要使其达到足够的泌乳量，并尽早发情配种。饲养的总原则是哺乳阶段不掉膘，牛也不过肥。

(1) 舍饲

母牛分娩后最初几天，体力尚未恢复，消化机能很弱，必须给予容易消化的日粮。粗料应以优质干草为主，精料最好是麦麸，每日0.5~1.0kg，逐渐增加，3~4d后就可转入正常日粮。母牛产后恶露未排净之前，不可喂给过多精料，以免影响生殖器官的复原和产后发情。

当母牛消化正常，体力恢复后，为促进其泌乳，除喂给干草、青贮料外，应加喂一些青草和多汁饲料，并搭配混合精料。特别是产后70d内，是泌乳母牛饲养的关键期，此期母牛采食量及营养需要在母牛各生理阶段中最高，能量需要量增加50%，蛋白质需要量加倍，钙、磷需要量增加3倍，维生素需要量增加50%。如果供应不足，母牛产奶量就会下降，犊牛生长停滞，患下痢、肺炎和佝偻病等。实际饲养中，除每天供给母牛优质干草5~7kg（或青草30kg或青贮料22kg）外，另加1.5~2.0kg精料。如粗料为秸秆类，则精料需增加0.4~0.5kg。精料配方可参考：玉米占50%、麦麸占20%、豆饼占10%、棉仁饼占5%、胡麻饼占5%、花生饼占3%、葵子饼占4%、磷酸氢钙占1.5%、碳酸氢钙占0.5%、食盐占0.9%、微量元素和维生素添加剂占0.1%；或玉米占50%、豆饼占20%、玉米蛋白占10%、酵母饲料占5%、麦麸占12%、磷酸氢钙占1.6%、碳酸钙占0.4%、食盐占0.9%、微量元素和维生素添加剂占0.1%。饲喂时要增加饲喂次数，并保证充足、卫生的饮水。

(2) 放牧

放牧时，应对哺乳母牛分配就近的良好牧场，防止游走过多，体力消耗大而影响母牛泌乳和犊牛生长。牧场牧草产量不足时，要进行补饲，特别是体弱、初产和产犊较早的母牛。以补粗料为主，必要时补一定量的精料，一般是每日放牧12h，补精料1~2kg，饮水5~6次。

繁殖母牛的妊娠、产犊、泌乳和发情配种是相互紧密联系的过程。饲养时，既要满足其营养需要，达到提高繁殖率和犊牛增重的目的，又要降低饲养成本，提高经济效益，这就需要对放牧和舍饲、粗料和精料的搭配等做出合理安排，有计划地安排好全年饲养工作。

124.肉牛肥育前应做好哪些准备工作？

为了搞好肥育工作，提高肥育效果，在肥育前应根据肥育牛的具体情况和肥育方式做好以下几方面的工作。

(1) 健康检查

肥育前要对肥育牛逐头进行检查，剔除患消化道疾病、传染病、无齿或其他无肥育价值的牛只，以保证肥育安全和肥育效果。

(2) 驱虫及防疫

体外寄生虫影响牛休息和正常采食，降低育肥期增重；体内寄生虫会产生毒素，危及牛体健康，影响牛生长和育肥效果。因此，所有肥育牛在肥育前要进行彻底驱虫，清除体内外寄生虫。驱虫时，根据牛的体重计算用药量，逐头进行，1周后再驱虫一次。药物可选用阿维菌素或依维菌素（0.2mg/kg 体重，皮下注射）、左旋咪唑（7.5mg/kg 体重，肌肉注射）、丙硫苯咪唑（10mg/kg 体重，口服）等，并根据当地疫情进行防疫注射，以免发病及影响肥育效果。

(3) 分组编号

按品种、性别、年龄、体重及营养状况分群肥育，以便正确确定营养标准，合理配制日粮，促进肥育效果。分组的同时给牛只编号，以便于管理和测定肥育成绩。

(4) 去势

为了利用公牛生长快、瘦肉率高的特性，一般 2 岁前屠宰的牛肥育时可不去势，如果生产高档牛肉应在 1 岁前去势，成年公牛肥育，须在肥育前 20d 去势，以提高肉的品质。

(5) 称重

为了计算日增重和饲料转化率，确定肥育日粮营养及用量，肥育前应对牛只称重。连续称取 2d 早晨空腹重，取其平均值作为肥育始重。

(6) 牛舍及草料准备

肥育前要因地制宜地准备好牛舍。肥育牛舍比较简单，只需做到夏季防暑、冬季保温、干燥、通风良好即可。设备应实用、廉价和安全，要定期消毒。

肥育前还应按牛头数、肥育天数及每头牛需要量准备好各类草料，以避免肥育中途大幅度换料引起牛消化道不适，影响肥育效果。

125.肉牛肥育的方式有哪些？

牛的肥育主要有持续肥育和后期集中肥育两种方式。

（1）持续肥育

持续肥育又叫直线育肥，是指犊牛断奶后直接转入育肥阶段用高水平营养饲料育肥直到出栏为止。特点是充分利用了牛饲料利用率最高的生长阶段，能保持较高的增重和肌肉组织生长，缩短生产周期，提高出栏率，因此总的肥育效率高。生产的牛肉肉质鲜嫩，脂肪少，品质好，能满足市场对高档优质牛肉的需求，是一种值得推广的肥育方法。

（2）后期集中肥育

对1.5~2岁未经肥育或不够屠宰体况的牛，在较短时间内集中饲喂较多的精料和糟渣类饲料，让其增膘的方法叫后期集中肥育，也叫快速育肥。这种肥育方式还包括淘汰的乳用、役用及肉用繁殖母牛的肥育。后期集中肥育对于改良牛肉品质，提高肥育牛经济效益有明显的作用。肥育方法有放牧加补饲、秸秆加精料、青贮料加精料、糟渣加精料等日粮类型的舍饲肥育。

126.舍饲肥育时应选择什么样的饲料形态？饲喂时应注意什么？

（1）饲料形态

肉牛的各类粗饲料，喂前均需加工处理。秸秆类饲料可先用揉搓机揉搓成0.5~1.0cm的丝状，或先铡短再粉碎成0.5~0.7cm长，然后进行氨化处理；干草原料有条件的可制粒，无条件的可粉碎；青贮原料切成0.8~1.5cm（最好不超过1cm）后青贮。饲喂前，将所用各类饲料，包括粗料、精料及添加剂等充分拌匀，至少来回翻动3次，以看不到各类饲料的层次为准。这样牛不能挑食，且上槽先后所食饲料一样，有利于肥育牛整齐发育。

理想的育肥牛饲料应当有青贮饲料或糟渣类饲料，因此可将其他饲料与这类饲料均匀拌成半湿状态（含水量40%~50%）喂牛，效果最好。肥育牛不宜采食干粉状饲料，因为牛一边采食，一边呼吸，极易把粉状料吹起，也影响牛本身的呼吸。

肥育牛在采食半干半湿混合料时要特别注意，防止混合料发酵产热。发酵产热后的饲料适口性降低，影响牛的采食量。所以应采取多次拌料，每次少拌，用完再拌；拌好的料应放在阴凉处，厚度以10cm为好。

(2) 饲喂注意事项

①饲料喂法：舍饲肥育有限制采食和自由采食两种饲喂方法。前者是将按照肥育所需营养配合的日粮，每日限定饲喂时间、次数和给量，一般每天饲喂2~3次；后者是将配合日粮投入饲槽，昼夜不断，牛任意采食。

自由采食能满足牛生长发育的营养需要，因此牛长得快，屠宰率高，出肉多，肥育牛能在较短时间内出栏，省劳力，但饲料浪费较多。限制采食时，牛不能根据自身需要采食饲料，限制了牛的生长发育速度，且需要劳力多，但饲料浪费少。牛有争食的习性，群饲时采食量大于单槽饲养，因此有条件的肥育场应采用群饲方式喂牛。

投料采用少给勤添，使牛总有不足之感，争食且不厌食或挑食。但少给勤添时要注意牛的采食习惯，一般是早上采食量大，因此第一次添料要多些，太少了牛容易因争料而顶撞斗架，晚上最后一次添料也要多一些，以供牛夜间采食。

②饲料更换：随着牛体重的增加，各种饲料的比例会有调整。更换饲料应采取逐渐更换的办法，要有1周以上的过渡期，逐渐让牛适应新更换的饲料，绝不可骤然改变，以免影响牛的消化。在饲料更换期间，饲养人员要勤观察，发现异常及时采取措施，以减少因饲料更换造成的损失。

③饮水：饮水不足影响肥育牛的生长发育。一般肥育牛每采食1kg饲料（干物质），需饮水3~5kg。饮水充足，牛精神饱满，被毛有光泽，食欲好，采食量大。饮水最好采用自由饮水装置，如因条件限制而采用定时饮水时，每天至少3次。

127.育肥牛在各阶段如何进行饲养？

(1) 犊牛（3~6月龄）的育肥

此阶段为犊牛刚断奶，瘤胃内微生物尚未发育完全，纤毛虫数量较少，应特别注意其营养补给，加强饲养管理。首先对入舍犊牛进行编号登记，做好生产记录。每天供给以苜蓿等优质青干草或优质青绿饲料为主的粗饲料，每头每日平均喂量为2~3kg，自由采食，少给勤添，控制氨化饲料饲喂量，每头每日平均饲喂量为0.5kg，粗饲料饲喂比例为氨化饲料：青干草：玉米青贮为1∶2∶1。每头每日平均喂精料1.5~2kg，分3次喂给。每天饮水3~4次。

犊牛饲料参考配方：小麦麸占20%、次粉占10%、豆粕占8%、胡麻饼占10%、炒大麦占50%、磷酸氢钙占1%、食盐占1%。

(2) 幼龄牛（7~12月龄）的育肥

此阶段牛的瘤胃微生物区系发育基本健全，对粗饲料的利用率较高，是骨骼发育的主要阶段，应供给苜蓿等优质青绿饲料或优质青干草，搭配氨化饲料、青贮玉米等粗饲料，饲喂比例：氨化饲料∶玉米青贮∶秸秆为2∶1∶1。实行限量饲喂，每头每日平均喂粗饲料4~6kg、精饲料2.5~3kg，日喂2次，间隔12h，日饮水2~3次。此外，对所有入舍牛进行分组编号，做好生产记录。驱治体内外寄生虫，灌服健胃散、人工盐2~3次，每月称重1次。

精饲料参考配方：玉米占42%、麸皮占30%、豆粕占12%、胡麻饼占15%、食盐占1%。

(3) 架子牛（13~18月龄）的育肥

此阶段牛只生长发育较快，需要供给一定量的蛋白质、矿物质和维生素饲料，以粗为主，以精为辅。粗饲料以苜蓿、毛苕子等优质青干草或青绿饲料最好，氨化饲料和青贮玉米亦可。精饲料按营养标准合理配合。期间实行限量饲喂，每头每日平均喂精饲料3~3.5kg、粗饲料7~8kg，其比例为氨化饲料∶玉米青贮∶青干草为2∶2∶1。日饲喂2次，间隔12h，日饮水2~3次，每月称重1次。

精饲料参考配方：玉米占50%、麸皮占30%、胡麻饼占18%、食盐占2%。

(4) 催肥阶段的饲养

此阶段为3~4个月，期间每头每天平均饲喂精料3.5~4kg、粗饲料9~10kg，其比例为氨化饲料∶玉米青贮∶青干草为2∶2∶1。日喂2次，间隔12h，饮水2~3次，先喂草拌料，再喂青贮。

精饲料参考配方：玉米占60%、麸皮占18%、胡麻饼占18%、食盐占2%、添加剂占2%。

128.育肥牛的管理包括哪些措施？

(1) 选择好肥育季节

肉牛肥育以秋季最好，春、冬季次之。夏季气温超过30℃，牛食欲下降,增重缓慢,自身代谢快,饲料转化率低,必须做好防暑降温工作。

(2) 采用围栏或拴系饲养

肉牛饲养分围栏饲养和拴系饲养,肥育牛每头占地面积为 $4m^2$ 左右,环境温度控制为 7~24℃。围栏饲养与拴系饲养相比,不仅能提高增重,还可提高屠宰率和净肉率,有条件的肥育场应尽量采用围栏饲养。

(3) 育肥后期限制运动

育肥后期限制运动可减少营养消耗,提高肥育效果。将肥育牛圈于休息栏内或每头牛单木桩拴系,拴系缰绳长度为 50~60cm,以牛刚能卧下为好。

(4) 坚持刷拭

刷拭可促进牛体血液循环和皮肤弹性,提高牛采食量和增重速度。育肥时,应从头到尾每天刷拭 2 次,每次 10min。

(5) 定期消毒

肥育过程中要对牛舍和环境定期消毒,尤其是刷拭、喂饮等用具。

(6) 坚持五查、五净

查精神、查采食、查饮水、查反刍、查粪便,如发现异常,及时诊治。同时要做到草料净、饲槽净、饮水净、牛体净、圈舍净。

129.什么是小白牛肉?

所谓小白牛肉,是指犊牛从出生到 100 日龄内,体重达到 100kg 左右,完全由奶或代奶粉饲喂所生产的牛肉。因饲料含铁量极少,故其肉为白色,肉质细嫩,味道为奶香味,十分鲜美。由于生产小白牛肉不喂其他饲料,甚至连垫草也不让牛采食,因此饲喂成本高,但售价也高,其价格是一般牛肉价格的 8~10 倍。

130.怎样生产小白牛肉?

(1) 犊牛选择

绝大多数来自奶公犊,或是以肉用种公牛与乳用母牛杂交所生的后代,所以也可以说是一种乳肉牛。这是淘汰乳公犊有效利用的一个新途径。

(2) 肥育技术

出生后人工哺喂 3~4d 初乳,每日 3 次。喂完初乳后喂常乳或代奶粉,喂量随日龄增长而逐渐增加,要求平均日增重 800~1 000g。由于用奶量多,成本高,所以近年来常用与常乳营养相当的代奶粉饲喂,增重 1kg 需 1.3~1.5kg 代奶粉。代奶粉配方可参考:乳清粉占 38%、半浓缩乳清粉占 25%、大豆改性蛋白占 17.5%、脂肪(含脂肪 60%、蛋白质 7%)占 17.5%、微量元素和维生素添加剂占 1.5%、赖氨酸占 0.3%、蛋氨酸占 0.2%。严格限制代奶粉中的含铁量,强迫犊牛在缺铁条件下生长,这是小白牛肉生产的关键技术。代奶粉加水量前期为 1∶7~8,后期为 1∶6~6.5。

管理上采用圈养或犊牛栏饲养,每圈 10 头,每头占地 2.5~3.0m²。犊牛栏全用木制,长 140cm,高 180cm,宽 45cm,底板离地高 50cm。舍内要求光照充足,通风良好,温度 15~20℃,干燥。小白牛肉全乳饲喂生产方案可参考表 6-2。

表 6-2 小白牛肉全乳饲喂生产方案(kg)

日 龄	期末增重	日喂奶量	日增重	需奶总量
1~30	40.0	6.40	0.80	192.0
31~45	56.1	8.30	1.07	133.0
46~100	103.0	9.50	0.84	513.0

131.什么是小牛肉?

犊牛出生后饲养至 7~8 月龄或 12 月龄以前,以奶(或代用奶)为主,辅以少量精料培育所生产的肉,称为小牛肉。小牛肉富含水分,鲜嫩多汁,含蛋白质多而脂肪少,肉质呈淡粉红色,胴体表面均匀覆盖一层白色脂肪,风味独特,营养丰富。小牛肉分大胴体和小胴体,犊牛肥育至 6~8 月龄、体重达到 250~300kg、屠宰率为 58%~62%、胴体重为 130~150kg,称为小胴体。如果肥育至 8~12 月龄、屠宰活重达到 350kg 以上,则称为大胴体。

132.怎样生产小牛肉?

(1) 犊牛选择

尽量选择早期生长快的品种,如肉用公犊、肉用淘汰母犊、乳公犊、奶牛或肉牛与黄牛的高代杂种公犊。初生重一般要求在 35kg 以上,健康无病,无缺损。

(2) 肥育方法

喂 3~5d 初乳后人工哺喂常乳,1 月龄内按体重 10%~12% 饲喂。7~10d 开始喂混合精料,逐渐增加到 0.5~0.6kg,青草或青干草自由采食。1 月龄后日喂奶量基本保持不变,3 月龄后喂奶量逐渐减少,喂料量则逐渐增加,青草或青干草仍自由采食,自由饮水。喂奶(或代用奶)直到 6 月龄止,可在此时出售,也可继续肥育至 7~8 月龄或 12 月龄出栏。

下面介绍一种小牛肉生产方案(见表 6-3),供参考。

表 6-3 小牛肉生产方案 (kg)

周龄	始重	日增重	日喂奶量	配合饲料日喂量	青干草
0~4	40~59	0.6~0.8	5.0~7.0	自由采食	自由采食
5~7	60~79	0.9~1.0	7.0~7.9	0.1	自由采食
8~10	80~99	0.9~1.1	8.0	0.4	自由采食
11~13	100~124	1.0~1.2	9.0	0.6	自由采食
14~16	125~149	1.1~1.3	10.0	0.9	自由采食
17~21	150~199	1.2~1.4	10.0	1.3	自由采食
22~27	200~250	1.1~1.3	9.0	2.0	自由采食
合计			1 918	188.3	150

为节省用奶量,提高增重效果,减少疾病发生,所用肥育精料要具有能量高、易消化的特点,可加入少量抑菌制剂。可参考以下配方:玉米占 60%、豆饼占 12%、大麦占 13%、蛋粉占 3%、油脂占 10%、磷酸氢钙占 1.5%、食盐占 0.5%,1kg 饲料中加入维生素 $A 1 \times 10^6 \sim 2 \times 10^6 IU$。1~3 月龄内再加入 2 200mg 土霉素。

5 月龄后拴系饲养,减少运动,但每天应晒太阳 3~4h。舍内温度要求 18~20℃,相对湿度 80% 以下。

133.什么是架子牛肥育?

架子牛是指断奶后的牛经过一定时期的生长,体重达到 250~300kg,具有较大的骨架,但尚未达到屠宰体重,产肉率低,肉质差,年龄在 1~2 岁之间。将这类牛集中进行强度肥育 4~6 个月,使其体重达到 500kg 以上出栏称为架子牛肥育。架子牛肥育饲养期短,周转快,比较经济,是我国目前肉牛肥育的主要形式。

134.怎样选购架子牛?

(1) 品种选择

应选择肉用牛的杂种,如夏洛来、利木赞、西门塔尔、海福特、皮埃蒙特、南德文牛等与本地牛的杂交后代,或我国育成的肉用品种夏南牛、延黄牛及秦川牛、晋南牛、南阳牛、鲁西牛、延边牛等地方良种黄牛。这类牛增重快,瘦肉多,脂肪少,饲料转化率高。

(2) 年龄和体重选择

架子牛肥育一般可选择 14~18 月龄的杂种牛或 18~24 月龄的良种黄牛,活重在 300kg 以上。这个阶段的牛因补偿生长而增重迅速,生长能力比其他年龄和体重的牛高 25%~50%。

(3) 性别选择

性别选择要根据肥育目的和市场而定。公牛生长快,瘦肉率和饲料转化率高,但肉的品质不如去势公牛和母牛,所以 18 月龄前屠宰宜选择公牛肥育,若是生产一般优质牛肉可在 1 岁去势,生产高档牛肉则宜选择早去势的公牛为好。

(4) 体型外貌选择

应选择体形大、较瘦、体躯长、胸部深宽、背腰宽平、臀部宽大、头长而宽、口方整齐、四肢强健有力、蹄大、十字部略高于体高、后肢飞节较高、皮肤柔软有弹性、被毛细软密实、角尖凉、角根温、鼻镜干净湿润、眼睛明亮有神、性情温驯的牛。这样的牛健康,采食量大,生长能力强,饲养期短,肥育效果好。

135.架子牛运输前后应注意哪些事项?

按照肥育牛选择要求选购分散饲养于农牧户的架子牛后,要集中运输。为克服应激,减少失重,运输前每头牛肌肉注射维生素 A $2.5 \times 10^5 \sim 1 \times 10^6$ IU 或口服维生素 C。运输途中不喂精料,只喂优质禾本科干草、人工盐、食盐和适量饮水,牛不可吃饱。运输时要注意天气情况,牛在晴天、气温为 7~16℃ 时失重少。冬天要注意保温,夏天要注意遮阳。用汽车运输时,装运量要适当,每头牛最好用架子隔开、固定;车厢板铺上沙子,以防急刹车时牛因惯性摔倒;汽车行驶要缓慢,避免急转弯。

经过长途运输的新到架子牛,首先更换缰绳,消毒牛体,然后提供清洁饮水(第一次限制为 15~20kg,切忌暴饮,第二次间隔 3~4h,水中掺些麦麸,第三次可自由饮水)。注射维生素 A 并口服补液盐溶液 2 000~3 000ml。休息 2h 后分群,饲喂粗饲料,最好是禾本科长干草,其次为玉米或高粱青贮,不可饲喂苜蓿干草或苜蓿青贮,以防引起运输热。一日 2 次,每次采食 1h。逐渐增加喂量,4~5d 才能自由采食。混合精料由少到多,逐渐增加。

136.架子牛肥育的技术要点是什么?

根据肉牛生长发育特点及营养需要,架子牛的肥育一般可以分为肥育前期、肥育中期和肥育后期三个阶段。

肥育前期为 20~30d,主要是让牛适应过渡。架子牛因运输、草料、气候、环境等变化引起一系列生理反应,通过科学调理使其适应新的环境,熟悉肥育饲料,进行驱虫健胃,锻炼采食精料的能力。最初 1~2d 不喂草料只饮水,适量加盐以调理胃肠,增进食欲,第 1 周内只喂粗饲料,不喂精饲料,第 2 周开始逐渐增加精料,每天喂 1~2kg 玉米面或麸皮,不喂饼粕类,过渡期结束后,由粗料转为精料型。尽快使精粗比例达到 40:60,粗蛋白水平达 12%,日采食干物质 7.0kg。

肥育中期为 50~60d,牛完全适应各方面的条件,采食量增加,增重速度很快。日采食饲料干物质 8~9kg,精粗料比为 60:40,日粮粗蛋白质水平为 11%。精料参考配方:玉米占 70%、饼类占 20%、麸皮占 10%。每头每天喂食盐 20g、预混料 100g。日增重 1.3kg 左右。

肥育后期为 20~30d,此期主要是增加脂肪沉积,改善肉的品质。干物质采食量达 10kg,精粗料比为 70:30,日粮粗蛋白水平为 10%,精料组成中可增加大麦喂量。精料参考配方:玉米占 65%、大麦占 20%、饼类占 10%、麸皮占 5%。每天每头喂食盐 20g、预混料 100g,日增重 1.5kg 左右,体重超过 500kg 即可出售。如果继续肥育则饲料转化率降低,利润减少。

整个肥育过程中,粗饲料可根据当地资源选用,如以玉米青贮为主,也可以酒糟或氨化秸秆为主等。精料也应因地制宜,日粮配方可按肉牛饲养标准配制。

不同季节应采取相应的饲养措施。气温 8~20℃时,牛的增重速度较快。夏季气温过高,肉牛食欲下降,增重缓慢,因此夏季肥育时应适当提高日粮的营养浓度,延长饲喂时间。气温30℃以上时,应采取防暑降温措施。冬季应给牛增加能量饲料,提高肉牛的防寒能力,不喂带冰的饲料和饮冰冷的水,气温5℃以下时,应采取防寒保温措施。

日粮中加喂尿素时,一定要与精料拌匀,且喂后不可立即饮水,一般要间隔1h。用酒糟喂牛时温度不可太低,且运回后要立即饲喂,不宜搁置太久。用氨化秸秆喂牛时,要事先排放氨味,以免影响牛的食欲和消化。每次喂牛时第一遍以干草为好,不加水,不加料,第二遍加草,适当加精料,加水拌搅,第三遍加草,要多加料,加水、盐、添加剂。做到先草多料少,后料多草少,刺激食欲,增加采食量。要科学饮水,饮水量为采食量的5倍,为增加饮水量,可采取上槽下槽都饮水,中间补水的办法。

137.为提高老龄牛肥育效果,应采取哪些措施?

老龄牛肥育通常是指役牛、奶牛和肉牛群中淘汰牛的肥育。此类牛一般年龄较大,体况较差,采食及消化能力弱,已基本丧失原有经济价值,不经肥育直接屠宰时产肉率低,肉质差,效益低。经短期集中肥育,不仅可以提高屠宰率、产肉量及经济效益,而且可以改善肉的品质和风味。

因为老龄牛早已停止生长发育,所以在肥育过程中,主要是增加脂肪,改善肉的嫩度和风味,故营养供应以能量为主,蛋白质含量不宜过高。饲料组成以碳水化合物含量高的原料为主,可选用当地价格低廉的粗饲料及糟渣类饲料,适当搭配精料,以达到沉积脂肪、提高增重和屠宰率的目的。

肥育牛最好选择体格较大、前躯开阔、后躯发达、腹部充盈、口唇发达丰满、皮薄的牛。肥育前进行全面检查,将患消化道疾病、传染病及过老、无齿、采食困难的牛只剔除,这类牛达不到肥育效果。公牛应在肥育前20d去势,母牛可配种,使其妊娠,避免发情影响增重。

对于膘情很差的牛,可先复壮,如每日喂米汤0.5~1.0kg,连喂15d左右;或用中药黄精60g、薏米60g、沙参50g共研末掺入饲料中喂服,每日1剂,连服7d。

肥育初期可饲喂营养较低的饲料,以防牛发生消化紊乱,待短期适应后逐渐调整日粮配方,达到肥育用日粮。选择易消化、适口性好的饲料原料,要注意饲料的加工调制,要有利于提高采食量和消化率。有放牧条件的可先放牧，利用青草使牛复膘，然后再用肥育日粮肥育。

肥育时间以 6~11 月份为宜，在秋末膘情好时出栏，不仅可以多产肉，还可减轻牛只越冬压力。若冬季肥育，舍温应保持在 10℃以上。

肥育期一般为 90d 左右，也可分三个阶段：第一阶段 20d 左右，要驱虫、健胃，并适应肥育日粮和环境条件；第二阶段 40~50d，牛食欲好，增重快，要增加饲喂次数，尽量设法提高采食量；第三阶段 20~30d，牛食欲可能有所下降，要少给勤添，提高日粮营养浓度。

老龄牛在肥育期要保证有充足的休息、反刍时间（每天 8h 以上），要按程序饲养，做到水草均匀。牛舍要保持清洁、干燥、通风良好。

表 6-4 是老龄肥育牛以玉米青贮为主的日粮配方，供参考。其中玉米青贮必须铡短，节结压碎。精料配方可参考：玉米占 72%、棉饼占 15%、麦麸占 8%、尿素占 1%、磷酸氢钙占 1%、食盐占 1%、添加剂占 2%。

表 6-4 老龄肥育牛玉米青贮为主的日粮配方（kg）

饲料	第一阶段	第二阶段	第三阶段
玉米青贮	40	45	40
干草	4	4	4
麦秸	4	4	4
混合精料	—	1.5	2
食盐	0.04	0.04	0.04
无机盐	0.05	0.05	0.05

另外，酒糟、甜菜渣等均是老龄牛肥育的好饲料，适当搭配精料，补喂食盐，日增重均可达 1.0kg 以上。

138.什么是高档牛肉？主要指哪几块？

高档牛肉是指对肥育达标的优质肉牛，经特定的屠宰和嫩化处理及部位分割加工后生产出的特定优质部位牛肉。

高档部位肉有牛柳、西冷和眼肉三块。牛柳也叫里脊，生长在腹腔内上方，着生在腰椎横突下方，从胸椎和腰椎关节连接处开始，到髂前方止，前部窄小，后部逐渐宽厚，是一块一头粗大一头细小的长条形肌肉。西冷也叫外脊，是覆盖在腰背部腰椎横突两侧的扁长形肌肉。眼肉一端与外脊相连,另一端在第 5~6 胸椎处。

139.高档牛肉的标准是什么?

(1) 活牛

健康无病的各类杂种牛或良种黄牛,30 月龄以内,宰前活重 550~600kg,满膘(看不到骨头突出点),尾根下平坦无沟、背平宽,手触摸肩部、胸垂部、背腰部、上腹部、臀部有较厚的脂肪层。

(2) 胴体

胴体外观完整,无损伤,胴体表面脂肪色泽洁白而有光泽,质地坚硬,覆盖率 80% 以上,12~13 肋骨处脂肪厚 10~20mm,净肉率为 52% 以上。

(3) 肉质

肌纤维细嫩,大理石花纹丰富,肌肉剪切仪测定的剪切值在 3.62kg 以下,出现次数应在 65% 以上;易咀嚼,不留残渣,不塞牙;用手触摸完全解冻的肉块时,手指易插进肉块深部,牛肉质地松软多汁。制作的食品不油腻、不干燥、鲜嫩可口。每条牛柳重 2.0kg 以上,每条西泠重 5.0kg 以上,每条眼肉重 6.0kg 以上。

140.生产高档牛肉对育肥牛的基本要求是什么?

(1) 品种要求

品种的选择是高档牛肉生产的关键之一。大量试验研究证明,我国的夏南牛、延黄牛及引入的国外专门化肉用品种安格斯、利木赞、夏洛来、皮埃蒙特等与本地黄牛的杂交后代是生产高档牛肉最好的牛源。如果用我国地方良种作母本,牛肉品质和经济效益更好。秦川牛、南阳牛、鲁西牛、晋南牛、延边牛也可作为生产高档牛肉的牛源。

(2) 年龄与性别

生产高档牛肉最佳的开始肥育年龄为 12~16 月龄,30 月龄以上不宜肥育生产高档牛肉。以去势公牛最好,因为去势公牛的胴体等级高于公牛,而又比母牛生长快。

(3) 体重

要求育肥开始时体重在 300kg 以上。

其他方面的要求以达到一般肥育肉牛的最高标准即可。

141. 生产高档牛肉对饲养管理有何要求？

(1) 饲养技术

生产高档牛肉的牛，6月龄体重不低于140kg，以后按日增重1kg的日粮饲喂，到22～26月龄体重可达650kg左右。也可选择12月龄、体重300kg的牛进行肥育，同样按日增重1kg的日粮饲喂，到22月龄时体重可达600kg。此时膘情为满膘，脂肪已充分沉积到肌肉纤维之间，眼肌切面上呈现理想的大理石花纹。育肥到18月龄以后，日增重下降时，应酌情增加10%左右的日粮。肥育最后2个月要调整日粮，不喂含有加重脂肪组织颜色的饲料，如大豆饼粕、黄玉米、南瓜、胡萝卜、青草等，改喂使脂肪变白而坚硬的饲料，如大麦、麸皮、麦糠、马铃薯和粉渣等；粗料最好用含叶绿素、叶黄素较少的饲草，如玉米秸、谷草、干草等。在变换饲料时要注意逐渐过渡进行。最后2个月最好提高饲料的营养水平，使牛日增重达到1.3kg以上。高精料育肥时应防止发生酸中毒。以下为日粮典型配方，供参考。

配方1（适于体重300kg的牛）：精料4～5kg（玉米占51.3%，麸皮占24.7%，棉粕占22.0%，磷酸氢钙占0.3%，石粉占0.2%，食盐占1%，小苏打占0.5%，预混料适量），谷草或玉米秸3～4kg。

配方2（适于体重400kg的牛）：精料5～7kg（玉米占51.3%，大麦占21.3%，麸皮占14.7%，棉粕占10.3%，磷酸氢钙占0.14%，石粉占0.26%，食盐占1.5%，小苏打占0.5%，预混料适量），谷草或玉米秸5～6kg。

配方3（适于体重450kg的牛）：精料6～8kg（玉米占56.6%，大麦占20.7%，麸皮占14.2%，棉粕占6.3%，石粉占0.2%，食盐占1.5%，小苏打占0.5%，预混料适量），谷草或玉米秸5～6kg。

(2) 管理技术

严格进行卫生防疫。注意夏季防暑、冬季防寒；每天坚持刷拭牛体，清洗牛床、牛槽和水槽；保证充足清洁饮水，每天换水3～4次；肥育后期，每天喂料3～4次，限制运动消耗。肉牛在24～30月龄、体重达到550kg以上时，及时出栏屠宰。屠宰前要注意运输安全，防止牛只受伤。

142.提高肉牛肥育效果的主要技术措施有哪些？

（1）选好品种

我国专用肉牛品种少，不能满足各地肉牛生产的需要，所以育肥牛应主要选择国外优良肉用公牛品种如夏洛来牛、利木赞牛、皮埃蒙特牛、西门塔尔牛、安格斯牛等与我国地方品种母牛的杂交后代，三元杂交后代效果更好，或者是我国优良的地方品种及相互杂交后代，利用其杂种优势提高育肥效果。

（2）利用公牛肥育

研究表明，公牛的生长速度和饲料转化率明显高于去势公牛，并且胴体瘦肉率高，脂肪少。一般公牛的日增重比去势公牛高14.4%，饲料利用率高11.7%，因此2岁内出栏的肉牛以不去势为好。

（3）注意牛的体形和年龄选择

按照前述架子牛和犊牛选择要求选好育肥牛，这对提高育肥效果和经济效益非常重要。如选去势牛，以3～6月龄早去势的牛为好，这样可减少应激，加速骨骼雌化，出栏时出肉率高，肉质好。若选择架子牛肥育，应选1～2岁牛进行肥育，这类牛生长快，肉质好，效益高。

（4）抓住肥育的有利季节

在四季分明的地区，春秋季肥育效果最好，此时气候温和，牛采食量大，生长快。夏季炎热，不利于牛增重，因此肉牛肥育最好错过夏季。在牧区，肉牛出栏以秋末最佳。牛生长发育的适宜温度是10～21℃，低于5℃、高于27℃对牛的生长发育有严重影响，所以冬季育肥要注意防寒，夏季要防暑，为肉牛创造良好生活环境。

（5）合理搭配饲料

按照肉牛生长发育的生理阶段，合理确定日粮各营养含量，肌肉生长快的阶段增加蛋白质供应，脂肪生长快的阶段多供应能量，使营养供应与体重和各组织的增长同步。日粮中精料和粗料均应多样化，不仅可提高适口性，也有利于营养互补，提高增重。

（6）注意饲料形态和调制

要注意精、粗饲料加工调制。秸秆类饲料喂前应铡短或用揉搓机揉搓成0.5～1cm的丝状，然后氨化处理。青贮原料切成0.8～1.5cm后青贮。精料要压扁或粉碎，饲喂前将所用各类饲料充分拌匀。理想的育肥牛饲料应当有青贮料或糟渣类饲料，将这类饲料与其他饲料均匀拌成半湿状（含水量40%~50%）效果最好。育肥牛不宜采食干粉状料。

(7) 精心饲喂和管理

肥育前要驱虫健胃，预防疾病。平时要勤检查，细观察，发现异常及时处理。严禁饲喂发霉变质草料，饮水要卫生。勤刷拭，少运动，圈舍要勤换垫草，勤清粪便，勤消毒，保证肥育安全。饲喂最好采用围栏自由采食，换料时要有过度。保证充足饮水。

(8) 合理使用营养性增重剂

在肉牛肥育中，应用营养性埋植增重剂，效果明显。有试验报道，在牛耳背皮下埋植500mg赖氨酸埋植剂，90d内平均日增重1 360g，比不埋植牛高180g，高出约15%。

(9) 调控瘤胃发酵，提高采食量

瘤胃发酵是牛最突出的消化生理特点和优势。它通过对饲料养分的分解和微生物菌体成分的合成，为牛提供能量、氨基酸和维生素。但发酵本身也会造成养分的损失。因此，瘤胃发酵优化的最终目的是提高发酵的正面效应，降低、改变或消除对牛自身有害及无效的发酵过程。

①利用矿物盐缓冲物质稳定瘤胃内环境

肉牛肥育期，采用高精料水平饲养，增加了瘤胃乳酸的形成，pH下降，不利于瘤胃纤维分解菌的活动，进而会降低采食量。如果使用碳酸氢钠、氧化镁等缓冲物质，可以缓冲氢离子而提高纤维分解菌活性，维持瘤胃正常内环境，提高采食量。碳酸氢钠用量为精料量的1%~2%。

②使用有机酸稳定瘤胃内环境：苹果酸等有机酸能刺激反刍动物新月状单胞菌活性，该菌群可通过对乳酸的利用来调节瘤胃发酵。

③控制饲料养分在瘤胃的降解：通过使用糊化淀粉、过瘤胃蛋白、过瘤胃脂肪等，降低营养物质在瘤胃的降解，可改善牛体葡萄糖营养状况，提高增重速度。

④利用离子载体改变瘤胃挥发性酸的比例和减少甲烷产生量：如莫能霉素、沙拉里霉素和盐霉素等可使瘤胃乙酸、丁酸含量下降，丙酸含量提高，同时使甲烷产生量减少，从而提高日增重和饲料转化率。一般每头每天投喂莫能霉素钠预混剂200~360mg，休药期5d。

模块七 牛病防治

143.牛的生理特性及牛病的特点是什么？

(1) 牛个体成本较大，个体治疗在牛病防治中具有重要意义

因为治愈一头奶牛或肉牛可挽回经济损失数万元人民币，与猪场、羊场、鸡场相比，牛场兽医在个体病例治疗上花的时间更多，对牛而言，个体诊断、个体治疗、个体护理工作的重要性就显得更为突出。

(2) 牛饲养寿命较长（15~20岁），各种内、外、产科疾病较多

牛属于大型家畜，饲养年限较长，其自然年龄为15~20岁，奶牛的生产寿命一般为6~8岁。由于牛饲养年限较长，导致牛的内科病、外科病和产科病累积较多，各种内科、外科和产科病就成为牛场兽医的主要预防和诊疗工作。在一家一户的小群体饲养中，各种内、外、产科病也是防治的重点。

(3) 牛有4个胃，相对于单胃动物来说，消化系统疾病增多

牛是反刍动物，有4个胃，分别为瘤胃、网胃、瓣胃和皱胃（真胃）。由于消化器官数量增加，相对于单胃动物来说，牛的胃病种类增多。牛病的这一特点实际上是由牛的消化系统的结构特点所决定的，过去有"牛胃马肠"之说，这句谚语通俗地说明了牛的胃病类型多。随着饲养目标和饲养模式的发展变化，在牛的胃病中，前胃疾病相对下降，而真胃疾病明显增多，呈现胃病后移的趋势。

(4) 牛用药途径相对单一，导致牛病防治难度增加

牛是草食家畜，以草为本。牛对饲料、饲草的消化主要是通过瘤胃中的微生物、纤毛虫等生物以发酵的形式来完成的。如果我们在治疗奶牛疾病时，给牛口服抗生素，就会杀死或破坏牛瘤胃中的微生物区系及纤毛虫，使牛失去生物性消化功能，导致牛抗生素中毒，因此实践中多采用注射等

方式进行给药治疗,增加了牛病防治的难度。

(5) 奶牛耐冷怕热、暑期是奶牛疾病多发期

暑期是奶牛保健的重要时期,高温季节不仅会影响奶牛的生产性能,而且胎衣不下、子宫内膜炎、酮病、产后瘫痪等疾病的发病率会显著增高,对我国绝大多数地区来说,夏季是奶牛疾病的多发期。在奶牛的饲养管理中,减少或防止夏季高温、高热应激对奶牛生产性能的影响,一直是奶牛夏季饲养管理中的一个突出问题。另外,由于奶牛产奶的特殊性,会导致乳房疾病增多、代谢病增加。

144.牛病防治的基本原则是什么?

(1) 坚持预防为主,防重于治的原则

养牛者不但要注重单个动物疾病的治疗,更应注重群体预防,坚持"预防为主、防重于治"的原则,重点研究提高牛群整体健康水平,防止外来疫病传入牛群,提高控制与净化群体中已有疫病的策略与技术措施。

(2) 确立疫病的多因论观点,采用综合性防疫措施

疫病的发生和流行都与其决定因素相关,任何一种疫病的发生与流行都不是单一因素造成的。通常可将这些因素划分为致病因子、环境因子和宿主因子,三者相互依赖、相互作用,从而导致牛群体的健康损害或疫病发生。采用单一措施常不能有效地预防、控制或消灭疫病,也不能提高群体的健康水平。必须确立疫病的多因论观点,在现代化牛生产中应该采用综合性防治措施来防治疫病。

(3) 切断传染病的流行环节

目前,传染性疾病依然是现代化养牛业的最大威胁,特别是烈性传染病对生产所造成的危害十分巨大。必须学习和运用动物传染病的流行病学知识,针对传染病流行过程的三个基本条件(传染源、传播途径、易感动物)及其相互关系,采取消灭传染源、切断传播途径、提高群体抗病力的综合防疫措施,才能有效地降低传染病的危害。

(4) 制定兽医保健防疫计划

现代牛生产是一项系统工程,在系统内各个子系统相互关联,相互影响。养牛者应熟悉其他子系统的情况,例如生产工艺流程、养殖设备性能、不同品种的特性、饲料及其加工调制、饲养与管理、经营与销售、资金流动等,依据现代牛不同生产阶段的特点合理制定兽医保健防疫计划。

145.常见的牛病有哪些?

根据发生的原因,可将牛病分为传染病、寄生虫病和普通病三种。

(1) 传染病

常见的有炭疽病、破伤风、布氏杆菌病、副结核病、犊牛大肠杆菌病、口蹄疫、牛流行热、牛病毒性腹泻、牛白血病、牛狂犬病、牛蓝舌病、牛传染性胸膜肺炎等。

(2) 寄生虫病

常见的有牛绦虫病、牛肝片吸虫病、牛前后盘吸虫病、牛胰阔盘吸虫病、牛螨病、牛皮蝇蛆病、伊氏锥虫病、牛弓形虫病、牛球虫病等。

(3) 普通病

常见的有口炎、食道梗塞、前胃弛缓、瘤胃积食、瘤胃鼓气、瓣胃阻塞、创伤性网胃腹膜炎、心包炎、皱胃炎、支气管肺炎、维生素 A 缺乏症、佝偻病、酮病、白肌病以及中毒性疾病和外产科疾病等。

146.牛病临床诊断的检查方法有哪些?

问诊、视诊、触诊、叩诊、听诊、嗅诊等。

147.牛的皮肤和被毛如何检查?

(1) 鼻镜检查

健康牛鼻镜湿润带有水珠,触之有凉感;病牛鼻镜一般干燥,有的龟裂,触之有热感。

(2) 皮肤检查

包括温度、湿度、气味、弹性,是否肿胀、完整和发疹等。皮肤表面温度全面降低,常见于大出血、营养不良、衰竭、濒死期等;皮肤表面温度全面增强,常见于热性病;有炎性病灶时,局部皮肤表面温度升高;心力衰竭、贫血、感冒时,耳根、四肢等局部温度降低。若皮肤过于湿润(出汗),见于发热、疼痛性疾病等;皮肤干燥,常见于失水性疾病;清洁健康牛的皮肤无特殊气味,尿毒症时可闻到臭味;牛患醋酮血病时则有一种特殊的烂苹果味(醋酮味)。

(3) 被毛检查

健康牛的被毛整洁,有光泽。被毛蓬乱而无光泽、易脱落,常见于营养不良和慢性消耗性疾病（如结核病等）；局部被毛脱落，多见于湿疹、疥癣病、营养缺乏等。

148.牛的眼结膜如何检查？

检查眼结膜时一手握住鼻中隔，并向检查人的方向牵引，另一手持同侧角，向外用力推，如此使头转向侧方，即可露出结膜。健康牛的眼结膜呈淡粉红色。病理变化有如下几种：结膜苍白是各种贫血的表现，急速苍白见于大失血、肝和脾破裂等，逐渐苍白见于慢性消耗性疾病，如营养性贫血、肠道寄生虫病等；结膜潮红是血液循环阻碍的表现，见于眼的外伤、结膜炎及各种急性热性传染病等；结膜发绀是血液中还原血红蛋白增多的结果，见于肺炎、心力衰竭及某些中毒病等；结膜黄染是血液内胆红素增多的结果，见于肝脏病及某些中毒病等；结膜有出血点或出血斑是血管壁通透性增大的结果，见于蕨类中毒和出血性疾病等。

149.如何检查牛的呼吸？呼吸异常常见于哪些病？

在安静状态下，观察病牛胸部的前侧方或腹部的后侧方，通过观察不负重后肢一侧的胸腹部起伏运动来检查呼吸状况。胸腹壁的一起一伏是一次呼吸。健康犊牛1min呼吸20～50次，成年牛为15～35次，水牛为10～20次。呼吸次数增多，见于热性病、呼吸器官疾病、贫血、心脏病、腹压增高性疾病等，呼吸次数减少见于某些脑病及疾病的濒死期。

牛为胸腹式呼吸，呼吸时胸壁与腹壁的运动协调，强度一致。胸式呼吸时，胸壁运动较腹壁运动明显，是瘤胃臌胀、创伤性网胃炎、腹膜炎及腹壁疝等的征候；腹式呼吸时，腹壁运动较胸壁运动明显，是胸膜炎、肋骨骨折及心包炎等的征候；当鼻腔、咽、喉及气管患病时，常发生吸气性呼吸困难；慢性肺气肿及细支气管炎时，多发生呼气性呼吸困难；肺脏疾病、胸膜疾病、心脏病、血液疾病、脑病、腹压增高性疾病、中毒性疾病及热性病等，呈现混合性呼吸困难，即吸气和呼气都发生困难。

150.检查牛的鼻液可发现哪类疾病？

牛有鼻液流出，多为病态。多量鼻液是呼吸系统的急性炎症性疾病和某些传染病的征候；少量鼻液是慢性呼吸系统疾病和某些传染病的征候；浆液性鼻液为无色透明水样，是呼吸道黏膜急性炎症初期及感冒等的征候；

浆液性鼻液黏稠、蛋清样或灰白色不透明，是呼吸道黏膜急性炎症中期或恢复期的征候；脓性鼻液黏稠、浑浊不透明，呈黄色或黄绿色，是呼吸道黏膜急性炎症后期、鼻窦炎及肺脓肿破溃等的征候；腐败性鼻液污秽不洁，发恶臭味，是坏疽性肺炎和腐败性支气管炎等的征候；血液性鼻液呈不同程度的红色，是呼吸道黏膜损伤和肺出血的征候；如果病牛一侧流鼻液，为一侧鼻腔和鼻旁窦患病；两侧性鼻液是患喉以下呼吸器官的疾病；鼻液中混有饲料碎片和唾液是咽和食管疾病的征候；鼻液中混有酸臭呕吐物是瘤胃酸中毒等的征候。

151.站立保定牛的操作要领有哪些？如何应用？

（1）压鼻法

保定者一手握住牛角，一手用手指紧捏鼻中隔，牵引鼻端向上后方提举（见图 7-1），此法又叫徒手保定。或者用牛鼻钳子夹住鼻中隔保定。对穿有鼻环的牛，牵拉鼻环绳即可（见图 7-2），即所谓鼻嵌保定。这两种方法多在注射及一般检查时应用。

图 7-1　徒手保定

图 7-2　鼻嵌保定及各种鼻嵌

(2) 捆角法

取一条长绳拴在牛角根部，然后将此绳捆绑在木桩或树上（见图7-3），适用于牛头部疾病的检查和治疗。

图7-3 捆角法保定牛

(3) 后肢保定法

用一条短绳在两后肢跗关节上方捆紧，压迫腓肠肌和跟腱，防止牛踢动，适用于牛乳房、后肢及阴道疾病的检查和治疗。

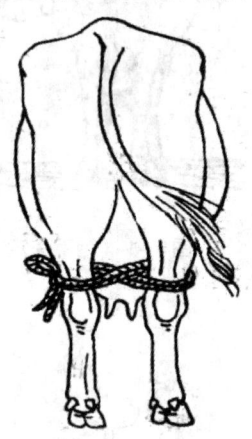

图7-4 后肢保定法

152.如何横卧保定牛？

有提肢倒牛法和背腰缠绕倒牛法两种。

(1) 提肢倒牛法

是将 7~8m 长的圆绳折成一长一短的双叠,在折叠部做一个猪蹄扣,套住牛的倒卧侧前肢球节的上方。先将短绳穿过胸下,从对侧经背部返回,由一人固定,再将长绳端引向后方,在髋结节之前绕腰腹部做一环套,并继续引向后方,交另一人固定。倒牛时,前方固定短绳者拉紧短绳,使倒卧侧前肢提举,后方固定长绳者将腰腹绳环经臀部移至跗关节上方,用力向后拉紧绳端,使绳紧缚两后肢,牛即先坐下而后卧倒,最后捆绑四肢固定(见图 7-5)。

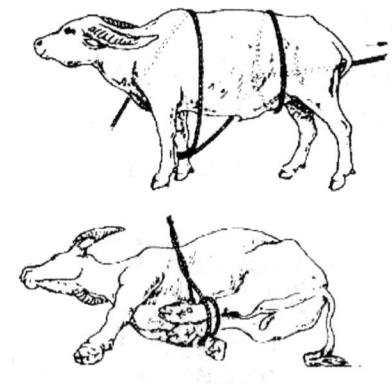

图 7-5 提肢倒牛法

(2) 背腰缠绕倒牛法

取一根长 10m 的粗圆绳,一端拴在牛的两角根部,另一端沿非倒卧侧向后牵引,经过胸部和腹部时各缠绕躯干做一环套,一人用力向后拉绳,一人抓住牛鼻环绳和角,将牛头向倒卧侧压迫,一人握住尾巴向倒卧侧牵引,三人同时用力,牛即倒下,将头固定好,绑住四肢(见图 7-6)。横卧保定法适用于去势、乳房手术及蹄病治疗等。

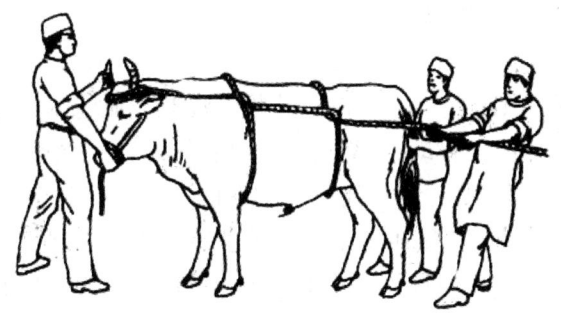

图 7-6 背腰缠绕倒牛法

153.柱栏保定牛的操作要领和用途有哪些？

（1）二柱栏保定法

把牛的头绳系在前柱上，取一根粗圆绳，一端拴个铁圈，挂在后柱拐钉上，把绳从左侧绕过前柱，经右侧至后柱并挂在拐钉上，将绳收紧，再从此反转向前绕过前柱，经左侧返回至后柱，并将绳末端固定于此，最后吊挂胸、腹吊绳。在野外治疗时，可用相邻的两棵大树、架上一根横木代替。该法适用于投药、注射、去势及蹄病的治疗等。

（2）四柱栏和六柱栏保定法

保定时，将牛从柱栏后方引进，并把头绳系在某一前柱上，挂上臀带（革），这样可以进行一般临床检查。在直肠检查时，须上好腹带及肩带。为防止踢动，还需固定一个或两个后肢（见图7-7）。

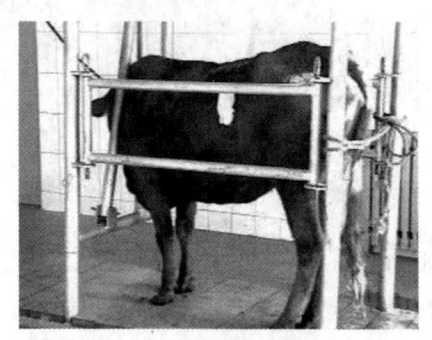

图7-7　四柱栏保定法

154.如何给牛注射？

大量注入药液时，应对药液适当加温，注射部位剪毛，通常涂5%的碘酒，然后用75%的酒精脱碘。

（1）皮下注射法

常用于无强刺激性且易溶解的药物、疫苗或血清的注射。在颈侧或肩胛后方的胸侧皮肤易移动的部位进针。注射时，一手捏起皮肤成皱褶，另一手持注射器，于皮肤皱褶处的三角形凹窝处刺入针头，针头刺入皮下2～3cm，抽动活塞不见回血、针头可自由活动时，推动活塞注入药液。注射后，用酒精棉球压迫针孔，拔出针头，再用碘酒涂布针孔。注射药量大时，可采取分点注射。

(2) 肌肉注射法

适用于刺激性较强和较难吸收的药液。过强的刺激药,如水合氯醛、氯化钙、水杨酸钠等不能肌肉注射。在肌肉丰富的臀部和颈侧进行肌肉注射。注射时,先将针头垂直刺入肌肉适当深度,接上注射器,回抽活塞无回血即可注入药液。注射后拔出针头,注射部涂以碘酒或酒精。

(3) 静脉注射法

适用于用药量大、对局部刺激性大的药液。多在颈沟上的颈静脉管注射,也可在乳静脉管注射。注射时,先排尽注射器和输液管中的气体,然后左手下压使血管怒张,右手持针,垂直或以 45°角刺入静脉内,见回血后将针头继续顺血管进针 1~2cm,最后接上针筒或输液管。注射完毕,用酒精棉球压住针孔,迅速拔出针头,按压针孔片刻,最后涂抹碘酒。

(4) 皮内注射法

将药液注入表皮与真皮之间,多用于变态反应试验。在颈侧或尾根进行皮内注射。注射时,左手捏起皮肤,右手持注射器,使针头与皮肤呈 30°角刺入皮内,缓慢地注入药液,注射部位呈现小丘疹状隆起即为注射正确。如果注射时感到较费力,表明注射正确,如果感觉很容易,则表明注入皮下,应重新刺针。注射完毕拔出针头后,不再消毒或压迫。

(5) 乳房内注射法

将通乳针或磨去针尖的秃针头插入乳头管内,再把药液注入乳池,用于治疗乳房炎。注射时,洗净乳房外部并擦干,挤净乳池内的乳汁,用酒精棉球消毒乳头,左手握住乳头,使乳头管与乳头孔成一条直线,将乳导管从乳头孔插入乳池,左手固定乳头和乳头管,右手将注射器接上,缓缓注入药液,注射完毕拔出乳导管,轻轻捏住乳头孔,并按摩乳房。先注射健康乳室,后注射有病乳室。每天注射 1 次,注射后至下次注射前停止挤奶。

(6) 瓣胃注射法

药液直接注入瓣胃,可使瓣胃内容物软化,主要用于治疗牛的瓣胃阻塞,可注射硫酸镁和硫酸钠溶液。用手按住牛右侧第八或第九肋骨间的肩关节水平线上下各 2cm 处,用长 15cm(16~18 号)的针头,针头向左侧肘突方向刺入 8~10cm,刺入瓣胃时有沙沙感,没有阻力感。为证实是否刺入瓣胃内,可先注入少量生理盐水并回抽,如果混有草屑的胃容物,即可确认,再注入药物,注毕迅速抽针,局部消毒。

155.如何给牛灌肠?

(1) 浅部灌肠

用于排除直肠内积粪。施术时,在橡皮管上涂以液状石蜡或肥皂水,一人把橡皮管插进牛肛门后,再逐渐向直肠内推送,另一人提高灌肠器,让液体流入直肠。若流入不快,可适当抽动橡皮管。灌入一定量液体后,牛便出现努责,此时,应捏住牛肛门或压迫尾根,同时捏压牛的背腰部,以缓解努责,让直肠内充满液体,再与粪便一并排出。

(2) 深部灌肠

用于肠便秘、直肠内给药或降温等。橡皮管插入直肠后,装上灌肠器,伴随灌肠液体的进入,不断将橡皮管内送。在边灌边把橡皮管向里送的同时,压入液体的速度应放慢,否则会因液体大量进入肠道深部反射性地刺激肠管收缩而把液体排出,或使部分肠管过度膨胀(特别是在有炎症、坏死的肠段),造成肠破裂。

156.如何给牛施行瘤胃穿刺术?

瘤胃穿刺术用于治疗急性瘤胃臌气和向瘤胃内注入药液。穿刺部位在牛左侧肷窝部,即左侧髋结节向最后肋骨所引的水平线的中点,距腰椎横突 10~12cm 处。严重的瘤胃臌气可在肷窝臌胀明显处进行穿刺。瘤胃穿刺术方法如下:牛站立保定,术部剪毛消毒,将皮肤切一小口,用套管针垂直迅速刺入瘤胃约 10cm;固定套管,抽出针芯,用纱布块堵住管口进行间歇放气,若套管堵塞,可插入针芯疏通或稍摆动套管,排完气后插入针芯,手按腹壁并紧贴胃壁,拔出套管针,术部涂碘酒。可通过套管直接向瘤胃注入药液。施术要避免多次反复穿刺,第二次穿刺时不宜在原穿刺孔进行。排出气体后,为防止复发,可经套管向瘤胃内注入防腐消毒剂等。放气速度不宜太快,以防虚脱。

157.如何给牛导尿?

导尿主要用于母牛膀胱过度充满而又不能排尿时帮助其排尿,也可以用作尿液检查而一时未见排尿作取尿样用。病牛站立保定,清洗肛门、外阴部,酒精消毒。导尿者左手放在牛臀部,右手持导尿管伸入阴道内,把导尿管前端头部插入尿道外口内。尿道入口位于阴道前庭尿道下盲囊皱襞上方稍前处。导尿时，尽管导尿者的食指早就感到有一个纵行圆状组织，并且食指指端也可伸入尿道外口内，但要将导尿管送入其中仍较困难，这是由于导尿管头部圆滑，尿道外口由软组织组成，呈闭合状态。所以，操作要耐心细致。

158.如何给公牛去势？

术前进行体检，并注意有无隐睾或阴囊疝，要适当限饲。有血去势应在术前1周注射破伤风类毒素，或在术前1d注射破伤风抗毒素。采取站立或横卧保定，术部消毒后即可进行手术。必要时，可进行局部皮下浸润麻醉或精索内麻醉。手术方法有以下两种。

（1）有血去势法

术者左手握住阴囊颈部，将睾丸挤向阴囊底，使阴囊壁紧张。纵切法切开阴囊，适用于成牛，在阴囊缝际两侧各1～2cm处做纵切口，挤出睾丸，结扎精索后切除。横切法切开阴囊，适用于6月龄左右的公牛，在阴囊底部，垂直阴囊缝际做一横切口，挤出两侧睾丸，结扎精索后切除。横断法切开阴囊法是术者左手握住阴囊底部皮肤，右手持刀或剪刀切除阴囊底部皮肤2～3cm，然后切开总鞘膜，挤出睾丸，结扎精索后切除。

（2）无血去势法

用无血去势钳隔着阴囊皮肤夹住精索部用力合拢钳柄，听到类似腱被切段的音响，继续钳压1min，再缓慢张开钳嘴，在钳夹下方2cm处再钳夹一次。用同样方法夹断另一侧精索。术部皮肤涂碘酒消毒。

也可用耳夹子式的两个木棍夹住阴囊颈部，使一侧睾丸的阴囊壁紧张，阴囊底朝上，用棒槌对准睾丸猛力捶打，将睾丸实质击碎，然后用手掌反复挤压至呈粥状感即可。阴囊部皮肤涂碘酒。

无血去势法去势后阴囊极度肿大，需每天早晚牵遛运动，经1个月左右，肿胀消失，睾丸萎缩。

159.如何给牛断角？

采取柱栏内保定，头固定在一侧柱上。剪毛消毒后进行角神经传导麻醉。在额骨外侧缘稍上方、眶上突基部与角根之间的中点将针头刺入皮肤约1cm，注射3%盐酸普鲁卡因溶液5～10ml，10min后即被麻醉。

将断角器的刃紧贴角根，两手握住断角器把柄，以急速强大的压力把角一次钳断，不可摇动断角器，助手迅速用厚层灭菌纱布压迫止血或烧烙止血，如有骨碎片应除净。然后撒布碘仿磺胺粉，覆盖纱布，用绷带包扎固定，再在绷带上涂敌百虫软膏或松馏油等，以防蚊蝇及雨水落入。用骨锯断角，要在角根周围依次锯入，当锯至一定深度时，从一侧迅速锯断。用骨锯断角费时，出血多，为减少出血，可在角神经麻醉部位按压或做一小切口，行颞浅动脉结扎。

术后 2~3d 需更换一次绷带，并仔细处理断面及窦腔。防止摩擦、绷带脱落及额窦化脓等。术后经过良好时，约 1 个月痊愈。

断角方法常用于角突骨折、有抵癖和角生长异常的牛。

160.如何给牛削蹄？

牛运动缓慢，尤其是舍饲牛活动范围小，运动不足，蹄的磨灭甚少，常造成蹄角质过度延长、蹄变形或诱发蹄病，需削蹄矫正。

削蹄牛的保定很重要，一般温顺的牛可站立保定或二柱栏内保定。为了安全可靠，可注射 846 麻醉合剂或保定宁，横卧保定。削蹄时，先剪掉过长的角质，再削蹄负面、蹄间面和蹄壁负缘。削蹄负面时，用镰形刀或蹄铲由后向前削向蹄尖。蹄间面和蹄壁负缘可用镰形刀削修。修内外不同大小的蹄时，应先削切较大的，修整蹄形、矫正蹄角度时，则应从较小的开始。削蹄时，一般要多削蹄尖部，少削或不削蹄壁、蹄踵。蹄尖壁的长度一般为四横指，大蹄为四指半，小蹄为三指半。蹄负面切削要平坦，内外蹄大小一致，保持蹄与系的方向一致。正常削蹄应每年 2~3 次，如蹄变形，应及时进行削修。

161.引入牛只时必须对哪些疫病进行检疫？

牛场或养牛户应坚持自繁自养，尽量避免从外地买，以防牛带进传染病。牛场和养牛户必须买牛时，要从非疫区购买。购买前，须经当地兽医部门检疫，购入牛须全身消毒和驱虫后方可引入。引进后，仍应继续隔离观察至少 1 个月，进一步确认健康后，再并群饲养。

引入种牛和奶牛时，必须按国家有关规定对疯牛病、牛口蹄疫、牛结核病、布氏杆菌病、牛蓝舌病、牛白血病、牛副结核病、牛传染性胸膜肺炎、牛传染性鼻气管炎和黏膜病进行检疫；引入役用牛和育肥牛时，必须对口蹄疫、牛结核病、牛布氏杆菌病、牛副结核病和牛传染性胸膜肺炎进行检疫。

162.牛场的消毒制度应包括哪些内容？

（1）牛场和牛舍出入口必须设立消毒池，消毒池的消毒液（剂）要定期更换，保持有效浓度。一切人员、车辆进出门口时，必须从消毒池通过。

（2）谢绝无关人员进入牛场，必须进入者，须更换消毒处理过的工作服和鞋帽。饲养人员和本场工作人员进入生产区也得更换消毒处理过的工作服和鞋帽。饲养人员要坚守工作岗位，不得串牛舍。

（3）场外车辆、用具等不准进入场内，必须进入时，应经消毒处理。饲养用具应固定在本牛舍使用，不得借用（或借给）其他牛舍，否则必须经消毒处理。

（4）每年春、秋结合转饲、转场，对牛舍、场地和用具各进行一次全面大清扫、大消毒。牛舍每月进行一次消毒。厩床每天用清水冲洗，土面厩床要勤清粪、勤垫圈。产房每次产犊都要消毒。

（5）每天清扫牛舍、运动场的粪便、污物，将粪便、污物进行泥封发酵或投入沼气池发酵，也可用化学药物处理，以杀死病菌和虫卵。

163.牛场内如何实施消毒？

（1）大门

大门入口设消毒池，消毒对象主要是车辆的轮胎及行人。车辆用消毒池的宽度以略大于车轮间距即可，一般为长3.8m、宽3m、深0.1m。池底低于路面，坚固耐用，不透水。在池上设置棚盖，以防止降水时稀释药液，并设排水孔以便换液，人用消毒池采用踏脚垫浸湿药液进行消毒，一般为长2.8m、宽1.4m、深0.1m。消毒药使用2%氢氧化钠溶液（每周更换1次）或1%复合酚类的菌毒敌等。在病牛舍、隔离舍的出入口处也应放置浸有消毒液的麻袋片或草垫，若牛患病毒性疾病（口蹄疫等），则消毒液可用2%氢氧化钠或1%菌毒敌，若牛患其他疾病则可使用10%克辽林溶液。

（2）牛舍

空牛舍应按以下次序彻底消毒：第一，清除牛舍内的粪尿及草料，牛舍进行无害化处理。第二，用高压水彻底冲洗顶棚、墙壁、门窗、地面及其他一切设施，直至洗涤液变清为止。第三，牛舍经水洗、干燥后，用消毒药液喷洒消毒，药液如用复合酚类的菌毒敌等，浓度为1∶100~200倍，过氧乙酸为 1:500，氨水为 5%，强力消毒灵、抗毒威等含氯制剂则应含有效氯 50g/t 以上。若牛舍有密闭条件，可关闭门窗，用福尔马林熏蒸消毒 12~24h，然后开窗通风 24h。在密闭空间内，过氧乙酸、复合酚类的菌毒敌等，亦可用于熏蒸法消毒，但总量不能小于 $2g/m^3$。含氯制剂只能用喷洒法消毒，若用熏蒸方法则无效。

（3）用具

牛饲槽、饮水器、载运车辆以及各种用具需每天刷洗，定期用 0.1% 新洁尔灭或强力消毒灵、"84"消毒液、抗毒威等消毒。

（4）运动场

若为水泥地，则与牛舍一样先用清水彻底冲洗，再用消毒液仔细刷洗。若为泥土地，可将地面土壤深翻 30cm 左右，在翻地的同时撒上干漂白粉或新鲜生石灰（用量为 $0.5kg/m^2$），然后用水湿润、压平。

164.控制乳房感染与传播的措施有哪些？

（1）奶牛停奶时，每个乳区注射一次抗生素。

（2）产前、产后乳房膨胀较大的牛只，不准强制驱赶起立或急走，蹄尖过长及时修整，防止发生乳房外伤。有吸吮癖的牛应从牛群中挑出。

（3）患临床型乳房炎的牛应隔离饲养，奶桶、毛巾专用，用后消毒。病牛的奶消毒后废弃，及时合理治疗，痊愈后再回群。

（4）及时治疗胎衣不下、子宫内膜炎、产后败血症等疾病。

（5）对久治不愈、患慢性顽固性乳房炎的病牛，应及时淘汰。

（6）乳房卫生保健应在兽医人员具体参与下实施。

165.牛场发生疫病时怎么办？

（1）及时发现，迅速隔离

饲养人员应经常观察牛群，发现病牛应立即报告兽医人员，并迅速将病牛和疑似病牛隔离。

（2）及早诊断

兽医人员接到报告后，应迅速赶赴现场进行诊断。

（3）根据诊断结果采取防治措施

内科病、外科病和产科病，应按照不同疾病采取相应的治疗方法。中毒性疾病，应立即停喂可疑饲草、饮水或药物，并采取相应解毒措施。营养代谢性疾病，应查明原因，补给缺少的或减少过量的维生素、矿物质、微量元素和营养成分。寄生虫病，立即用抗寄生虫药物防治，并对粪便进行发酵处理，杀灭虫卵。发现疑似传染病，应及时隔离，尽快确诊，病因不明或自己不能确诊时，应采取病料送往有关部门检验。确诊为传染病时，应立即对全群牛进行检疫，病牛隔离治疗或淘汰屠宰，对假定健康牛进行紧急预防接种或药物预防。被病牛和可疑病牛污染的场地、用具、饲草以及病牛和疑似病牛的皮、肉、内脏、牛奶，根据规定分别进行无害化处理后利用或焚毁、深埋。平时加强检疫，净化牛群。

166.牛口蹄疫的临床症状和病理变化是什么？如何防控？

口蹄疫是由口蹄疫病毒引起的以偶蹄动物为主的急性、热性、高度传染性疫病，世界动物卫生组织（OIE）将其列为必须报告的动物传染病，并被列为A类之首，在我国的《一、二、三类动物疫病病种名录》中列为一类动物疫病。

【病原】 口蹄疫病毒具有多型性和易变异性等特点。目前全世界有7个主型，即A型、O型、C型、南非Ⅰ型、南非Ⅱ型、南非Ⅲ型和亚洲Ⅰ型。我国仅见A型、O型、亚洲Ⅰ型，以A型、O型最常见。各型间没有交叉免疫性，即不能互相免疫，感染了此型病毒的动物，仍可感染其他型病毒，因此发生口蹄疫时，必须使用与当地流行的病毒型相符的疫苗进行免疫。

【流行特点】

(1) 易感动物

主要为偶蹄动物，包括牛科动物（牛、瘤牛、水牛、牦牛）、绵羊、山羊、猪及所有野生反刍和猪科动物均易感。驼科动物（骆驼、单峰骆驼、美洲驼、美洲骆马）易感性较低。

(2) 传染源

主要为潜伏期感染及临床发病动物。感染动物呼出物、唾液、粪便、尿液、奶、精液及肉和副产品均可带毒。康复期动物可带毒，通过动物的贸易流传和空气散播病原，如果环境气候适宜，病毒可随风远距离传播。

(3) 传播途径

易感动物可通过呼吸道、消化道、生殖道和伤口感染病毒，通常以直接或间接接触（飞沫等）方式传播，也可通过人或犬、蝇、蜱、鸟等动物媒介传播，还可经车辆、器具等被污染物传播。

(4) 发病时间

一年四季都有可能发病,以寒冷季节多发,新疫区发病率高,流行也有一定周期性,一般3~5年流行一次。牧区呈大流行,半农半牧区呈流行性,农区为流行或地方流行性。

【临床症状】 潜伏期2~4d,病初体温升高,40~41℃,牛呆立流涎,猪卧地不起,羊跛行;唇部、舌面、齿龈、鼻镜、蹄踵、蹄叉、乳房等部位出现水疱;发病后期,水疱破溃、结痂,严重者蹄壳脱落,恢复期可见瘢痕、新生蹄甲;传播速度快,发病率高;成年动物死亡率低,幼畜常突然死亡且死亡率高,仔猪常成窝死亡(见图7-8、图7-9)。

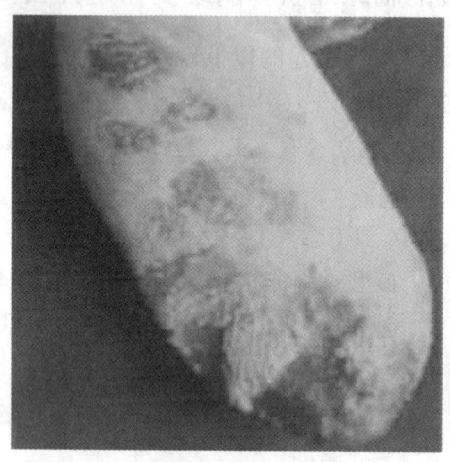

图7-8 舌黏膜溃疡

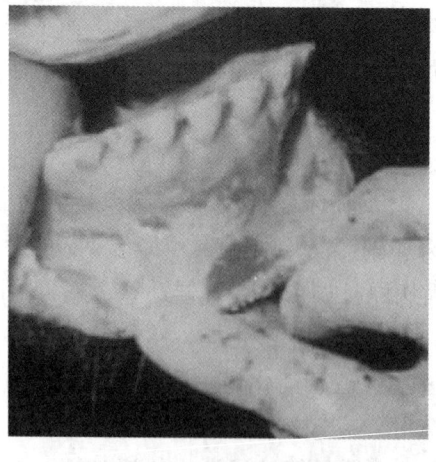

图7-9 齿龈出血、溃疡

【病理变化】 消化道可见水疱、溃疡。幼畜可见骨骼肌、心肌表面出现灰白色条纹，酷似虎斑，俗称"虎斑心"。

【预防措施】

(1) 严格执行国家有关检疫规定，禁止病畜及带毒畜产品的调运。

(2) 建立良好的卫生防疫制度，加强消毒。不得从疫区购入偶蹄动物及动物产品。

(3) 预防接种

①疫苗选用：根据农业部《口蹄疫防治技术规范》规定，要求对所有牛实施O型和亚洲Ⅰ型口蹄疫强制免疫，对所有奶牛和种公牛进行A型口蹄疫强制免疫。目前奶牛使用的疫苗主要有口蹄疫O型-亚洲Ⅰ型二价灭活疫苗、口蹄疫O型-A型二价灭活疫苗和口蹄疫A型灭活疫苗。所用疫苗必须为农业部批准使用的产品，并由动物防疫监督机构统一组织、逐级供应。

②免疫程序

A.农业部推荐的奶牛免疫程序：犊牛90日龄时，每头注射口蹄疫O型-亚洲Ⅰ型二价灭活疫苗0.5头份；所有新生家畜初次免疫后，间隔1个月再注射一次强化免疫，以后根据免疫抗体检测结果，每隔4~6个月免疫一次，配种前1个月再注射一次；经产奶牛在配种前1个月和配种后第5~6个月时各注射一次，每次每头注射1头份。

B.生产实践中现行的免疫程序为：初生犊牛90日龄左右注射O型和亚洲Ⅰ型二价灭活疫苗，间隔一定时间后注射口蹄疫A型灭活疫苗，初次免疫后，间隔1个月再用这两种疫苗进行一次强化免疫，每隔4~6个月免疫一次。免疫途径均为牛颈部深层肌肉注射。

③疫苗免疫注意事项：第一，规模养殖场按免疫程序进行免疫，对于同一批次疫苗，有条件的可以首先进行小规模注射实验，确定使用安全后，再进行大范围的免疫注射。第二，怀孕母牛必须进行免疫时，为减轻免疫副反应，可将疫苗多点多次进行免疫，并避免动物剧烈活动。第三，注射口蹄疫疫苗时，应严格按照疫苗要求的操作规程和剂量进行，对患病牛、瘦弱牛、临产前2个月怀孕牛、吃奶的犊牛、不足月龄的早产牛以及经过长途运输的牛不予注射，待病牛康复、母牛产后或犊牛断奶以及恢复正常后再按规定补注。第四，疫苗注射前要充分摇均，瓶口消毒后再启封。启封后的疫苗应于2h内用完。第五，注射口蹄疫疫苗的人员要随身携带肾上

腺素等药品，以防发生过敏反应。免疫接种后，要注意观察牛体的变化，由于个体的差异，有的牛可能出现短时间精神不振、减食、呕吐、轻度体温反应，这是正常现象，一般2~3d便可自愈；注射部位出现肿块、皮肤丘疹、瘙痒等症状属局部严重反应，采用消炎、消肿、止痒等药物治疗；出现震颤、抽搐、休克等神经症状属过敏反应，应立即注射0.1%盐酸肾上腺素（1ml）等脱敏药物救治，治愈后补注疫苗。第六，注射疫苗要保证注射到肌肉内，不要过浅。若注射剂量大，最好分点注射，要一牛一个针头。需要注意的是，注射口蹄疫疫苗的同时不能注射其他疫苗。

【扑灭措施】 发生口蹄疫时，必须按《中华人民共和国动物防疫法》《口蹄疫防治技术规范》等有关规定，采集综合性、强制性的紧急控制和扑灭措施。及时如实向有关部门上报疫情，采取病料（水疱和水疱液），迅速送检，以便确认病毒型。将病畜隔离，划定疫区，严格封锁，疫区停止畜产品销售和家畜转移。除此之外，立即用同型疫苗对邻近或同群的易感家畜进行紧急预防注射。用1%~2%热烧碱水对患畜停留过的场地、牛舍及用具等进行消毒，同时将粪便发酵，病死畜深埋。疫点内最后一头病畜消灭后，经14d以上再无新的病例出现时，通过全面、彻底消毒之后方能解除封锁。

167.牛病毒性腹泻—黏膜病的临床症状和病理变化是什么？如何防治？

牛病毒性腹泻—黏膜病是由牛腹泻病毒引起的一种世界广泛传播的牛接触性传染病。临床上以消化道黏膜发炎、糜烂、坏死和腹泻为特征。此病在《一、二、三类动物疫病病种名录》中列为三类动物疫病。

【病原】 牛腹泻病毒属于黄病毒科瘟病毒属的有囊膜RNA病毒，与猪瘟病毒为同属成员，并且有共同抗原。对pH3以下、热、胰酶、氯仿和乙醚等敏感，56℃即可被灭活。

【流行特点】

（1）易感动物

自然感染以黄牛、奶牛为主，幼龄牛（6~18个月）易感性较高，成年牛对本病抵抗力较强。

（2）传染来源及传播途径

病畜和带毒者的眼鼻唾液等分泌物，粪便、尿等排泄物，精液，血液均可含毒，可通过直接或间接传播，传播途径为消化道、呼吸道。妊娠动物可通过胎盘传给胎儿。

（3）呈地方性流行

多发生于冬春季节，发病率低而致死率高（死亡率可达100%），封闭式舍饲犊牛群可呈暴发式发病。

【临床症状】 牛病毒性腹泻—黏膜病的潜伏期为7~14d，人工感染2~3d。在临床上分为急性、慢性经过。

急性病牛主要表现为突然发病，体温升高到40~42℃，持续2~3d。病牛表现精神沉郁，厌食，咳嗽，流鼻液，呼吸加快，口腔黏膜发生糜烂和溃疡，从口角流出黏性线状唾液。通常在口内病变7~9d以后发生严重腹泻，开始水泻，以后混有黏液和血液，以至很快死亡。有些病例蹄冠和蹄叉部位有糜烂，导致跛行，此症状多见于肉牛。重症时，孕牛发生流产，乳房形成溃疡，产奶量减少或停止。病母牛所产的犊牛发生下痢，在口腔、皮肤、肺和脑有坏死灶，体温升高的同时白细胞减少。

慢性病例临床症状不明显或逐渐发病，生长发育受阻，消瘦，体重逐渐下降。典型症状是鼻镜上形成糜烂，可在鼻镜上连成一片，蹄叶炎导致的跛行也较明显。病程较长，大多数病牛死于2~6个月内。

【病理变化】 主要在消化道和淋巴结。消化道黏膜充血、出血、水肿和糜烂。特征性损害是食道黏膜有大小不等的直线排列的糜烂，胃黏膜水肿和糜烂，肠系膜淋巴结出血、肿大和坏死。

【诊断】 一般根据临床症状和病理变化可做出初步诊断，如口腔齿龈糜烂、食道病变、腹泻、血便，病牛很快死亡。确诊需通过分离病毒来确定。

【防治】

（1）预防

为控制本病的流行并加以消灭，必须采取检疫、隔离、净化、预防等综合防治措施。人工免疫使用的疫苗有弱毒冻干苗（妊娠母牛禁用）和灭活疫苗（氮丙啶灭活苗或二元氮啶灭活氢氧化铝苗），免疫效果好。接种后14d可产生抗体，并维持22个月的免疫力。

（2）治疗

本病目前尚无有效疗法，对于发病的牛，为了增强其抵抗力，防止继发感染，应投喂营养剂和抗生素类药物。为了缓和其因下痢引起的脱水症状要进行补液。

168.牛流行热的临床症状和病理变化是什么？如何防治？

牛流行热又称牛暂时热、三日热，是由牛流行热病毒引起的一种急性、热性传染病，其特征为突然高热、流泪、流涎、呼吸困难和运动障碍。我国将其列为三类动物疫病。

【病原】 牛流行热病毒属于弹状病毒科流行热病毒属的单股RNA病毒，发热期病毒存在于病牛的血液、呼吸道分泌物及粪便中。病毒对外界抵抗力不强，不耐热、酸、碱，56℃10min或pH小于2.5或大于9，几十分钟被灭活。

【流行特点】 本病主要侵害黄牛和奶牛，以3~5岁青壮年牛最易感。水牛和犊牛发病较少。病牛是本病的主要传染来源，吸血昆虫（库蠓、蚊）的叮咬是主要传播途径，此外，也可经呼吸道感染。

本病流行具有明显的季节性，多发生于蚊蝇活动频繁的夏秋季节（6~10月）。流行迅猛，传染力强，短期内可使大批牛只发病，呈地方流行性或大流行性，并具有明显的周期性，每3~5年或1~2年流行一次。

【临床症状】 牛流行热的潜伏期为3~7d。发病突然，很快波及全群，病牛突然出现高热（40℃以上），一般维持2~3d，流泪，眼睑和结膜充血、水肿。呼吸急促，1min达70~110次，发出哼哼声，流鼻液。食欲废绝，反刍停止，流涎，粪干或下痢。四肢关节肿痛，呆立不动，呈现跛行。孕牛可流产，奶牛泌乳量下降或停止。发病率高，病死率低，常呈良性经过，2~3d即可恢复正常。部分病例可因四肢关节疼痛，长期不能起立而被淘汰。

【病理变化】 急性死亡多因窒息所致。剖检可见呼吸道黏膜充血，水肿和点状出血，间质性肺气肿以及肺充血、肺水肿。全身淋巴结充血，肿胀或出血。真胃、小肠和盲肠黏膜呈卡他性炎和出血。其他实质脏器可见浑浊肿胀。

【诊断】 根据流行病学、临床症状和病理变化特点，可做出初步诊断，确诊需进行血清学试验。

【防治】 对常发病地区要做好环境、牛舍卫生清扫工作，加强消毒，积极杀灭吸血昆虫，每年用牛流行热疫苗进行免疫接种，出现病牛及时隔离。

对病牛采取对症治疗。高热时，肌肉注射复方氨基比林 20~40ml 或 30%安乃近 20~30ml。重症病牛给予大剂量的抗生素，常用青霉素、链霉素，并用葡萄糖生理盐水、林格氏液、安钠咖、维生素 B_1 和维生素 C 等药物，静脉注射，每日 2 次。

四肢关节疼痛，牛可静脉注射水杨酸钠溶液。对于因高热而脱水和由此而引起的胃内容干涸，可静脉注射林格氏液或生理盐水 2 000~4 000ml，并向胃内灌入 3%~5%的盐类溶液 10 000~20 000ml。

可用清肺、平喘、止咳、化痰、解热和通便的中药辨证施治。如九味姜活汤（姜活 40g、防风 46g、苍术 46g、细辛 24g、川芎 31g、白芷 31g、生地 31g、黄芩 31g、甘草 31g、生姜 31g、大葱 1 棵，水煎 2 次，一次灌服），寒热往来加柴胡，四肢跛行加地风、年见、木瓜、牛膝，肚胀加青皮、苹果、松壳，咳嗽加杏仁、全蒌，大便干加大黄、芒硝。

169.牛恶性卡他热的临床症状和病理变化是什么？如何防治？

牛恶性卡他热是牛的急性热性传染病，以发热，口、鼻、眼黏（结）膜发炎，角膜浑浊为特征，并有脑炎症状，病死率很高。本病在世界各地均有散发，在非洲常呈流行性发生。我国将其列为二类动物疫病。

【病原】 病原有绵羊疱疹病毒 2 型（多发生于与绵羊接触的牛）和狷羚疱疹病毒 1 型（多发生于与野生狷羚、角马接触的牛），对外界抵抗力不强，不耐冷冻和干燥，对乙醚和氯仿敏感。

【流行特点】 本病四季均可发生，但多见于冬季和早春，呈散发或地方流行性。易感动物主要是黄牛和水牛，以 1~4 岁的牛较易感，老牛发病的少见。本病为非接触性传染，呈散发，发病率较低，而病死率高。带毒绵羊是本病的传染源，其传播途径多认为是呼吸道。吸血昆虫也有传播作用。病牛的分泌物和排泄物中也含有病毒，但是病牛与健牛接触并不发生传染。

【临床症状】 潜伏期为 3~4 周或更长。牛患病初期，体温突然升到 41~42℃，食欲废绝、反刍停止，精神沉郁，站立困难，结膜潮红、肿胀、流泪，角膜浑浊、溃疡，鼻黏膜充血，分泌物混有纤维素膜，并散发恶臭。呼吸困难，咳嗽，口腔黏膜坏死，流出发臭的口水，先便秘后腹泻，粪便呈水样，混有假膜、组织碎片和血液，体表淋巴结肿大，肌肉发抖，后期常有脑炎症状，表现为兴奋不安或麻痹。

病牛在临床上，有的以眼睛病变和头部黏膜发炎为主，有的则以胃肠炎症状为主。最急性牛在 1~3d 内死亡。

【病理变化】 主要是口腔和鼻腔黏膜充血出血、溃疡和糜烂，真胃黏膜出血性炎症或烂斑，全身淋巴结肿大充血或出血；脑膜充血，脾肿大，心外膜有点状出血；肝、肾、心变性严重。

【诊断】 根据临床症状、病理变化和流行特点进行诊断，确诊需进行病毒分离培养鉴定、动物试验和血清学诊断等。

【防治】 本病无特效治疗方法，也无免疫预防的疫苗，主要是加强饲养管理和牛舍卫生，平时注意搞好消毒。在流行地区应避免牛与绵羊接触。发病时，应及时隔离、消毒，对症治疗，如头部冷敷、用 0.1%高锰酸钾冲洗病牛的眼睛和鼻腔、用磺胺类药物或抗生素、防止继发感染、强心补液等。

170. 什么是疯牛病？其临床症状有哪些？如何防控？

疯牛病的学名为牛海绵状脑病，于 1985 年在英国首次发现，此后在一些国家陆续出现少量病例，并证实了人的克—雅氏病患者与疯牛病传染有关，也证实了疯牛病可通过孕妇胎盘垂直传播，是典型的遗传病。英国为此将疯牛病疫区的 1 100 多万头牛屠宰处理，造成了约 300 亿美元的损失，引起了全球对英国牛肉的恐慌。

该病是由朊病毒引起的牛中枢神经系统的慢性致死性疾病，以潜伏期长、行为反常、运动失调、病死率高、剖检脑组织呈海绵状空泡为共同特征。

【症状及剖检变化】

（1）神经感觉异常

病牛容易惊恐不安，凝视，肌肉震颤或暴躁冲撞。

（2）共济失调

行走摇摆不稳，僵硬或倒地不起。

（3）剖检变化

脑部灰质部呈海绵状空泡变化。

【防控措施】 加强进口检疫，不从疫区进口牛及其产品，禁止在饲料中添加反刍动物蛋白饲料，一旦发病，立即扑杀和烧毁。

171. 牛布氏杆菌病的临床症状和病理变化是什么？如何预防？

布氏杆菌病是由布氏杆菌引起的人畜共患的慢性传染病，主要特征是生殖器官和胎膜发炎，引起母畜流产、胎衣不下，公畜不育，公畜睾丸炎、附睾炎和关节炎、滑膜炎等疾病。我国将其列为二类动物疫病。

【流行特点】 布氏杆菌是一种细胞内寄生的病原菌，主要侵害动物的淋巴系统和生殖系统。病畜主要通过流产物、精液和乳汁排菌，污染环境。

多种动物和人对布氏杆菌易感，羊、牛、猪的易感性最强。母畜比公畜，成年畜比幼年畜发病多。在母畜中，第一次妊娠母畜发病较多。带菌动物，尤其是病畜的流产胎儿、胎衣是主要传染源。消化道、呼吸道、生殖道是主要的感染途径，也可通过损伤的皮肤、黏膜等感染。常呈地方性流行。

【症状】 潜伏期一般为14~180d。最显著症状是怀孕母畜发生流产，流产后可能发生胎衣滞留和子宫内膜炎，从阴道流出污秽不洁、恶臭的分泌物。新发病的畜群流产较多，老疫区畜群发生流产的较少，但发生子宫内膜炎、乳房炎、关节炎、胎衣滞留、久配不孕的较多。公畜往往发生睾丸炎、附睾炎或关节炎。

牛流产可以发生在妊娠的任何时期，最常发生在第6~8个月。

【病理变化】 主要病变为生殖器官的炎性坏死（见图7-10），脾、淋巴结、肝、肾等器官形成特征性肉芽肿（布病结节）。有的可见关节炎。胎儿主要呈败血症病变，浆膜和黏膜有出血点和出血斑，皮下结缔组织发生浆液性、出血性炎症（见图7-11、图7-12）。

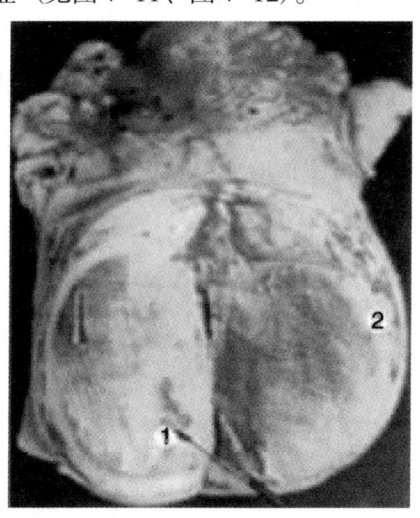

1.鞘膜囊积多量渗出物
2.公牛坏死性睾丸炎，实质化脓灶
图7-10

图7-11 流产胎儿（7月龄），皮下水肿

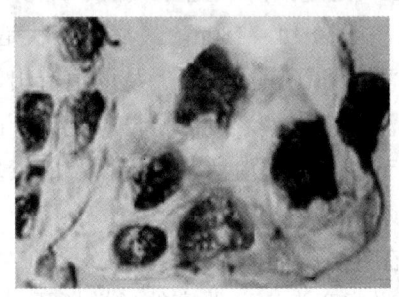

图7-12 流产胎盘，水肿及子叶

【诊断】 据流行病学资料，流产、胎儿胎衣的病理损害、胎衣滞留以及不育等都有助于布氏杆菌病的诊断，但确诊需通过实验诊断。

布氏杆菌病实验诊断：细菌学检查，血清学试验（血清凝集试验、补体结合试验、奶环状试验、变态反应、间接血凝试验、酶联免疫吸附试验、荧光抗体法）等。

【预防】 消灭本病的措施是检疫、隔离、控制传染源、切断传播途径、培养健康畜群及主动免疫接种。

（1）加强检疫

健康畜群每年进行两次检疫，检出病畜立即淘汰。严禁从疫区引种。新购入的牛羊要隔离观察2个月，经两次检疫，均为阴性者方可合群。

（2）定期接种

春季或秋季进行免疫。可选：

①猪布氏杆菌2号弱毒活苗（S2苗），免疫期为2年，可采用饮水法。

②羊布氏杆菌5号弱毒活苗（M5苗），免疫期为3年，皮下注射、滴鼻免疫均可，也可口服免疫。

③流产布氏杆菌19号弱毒疫苗，免疫期为2年，皮下注射2次，5~8

月龄、18～20月龄各注射1次。

（3）要做好牛舍、运动场、饲槽及用具的消毒工作，以切断传播途径。

（4）病牛处理

如果病牛数目不多，价值不大，以淘汰为宜；若病牛数量很多，又有特殊价值，可在隔离条件下适当治疗，同时要加强消毒。因布氏杆菌是兼性细胞内寄生菌，用化学治疗药剂治疗不易生效。

172.牛结核病的临床表现有哪些？如何诊断和防控？

牛结核病是由结核分枝杆菌属牛分枝杆菌引起的一种人畜共患慢性传染病。以组织器官的结核结节性肉芽肿和干酪样、钙化的坏死病灶为特征。本病为二类动物疫病。

【流行特点】 结核病畜是主要传染源，病畜由粪便、乳汁、尿及气管分泌物排出病菌，污染周围环境而散布传染，主要经呼吸道和消化道传染，也可经胎盘传播或交配感染。

本病一年四季都可发生。牛舍拥挤、阴暗、潮湿、污秽不洁，牛过度使役和挤奶，饲养不良等，均可促进本病的发生和传播。

【临床表现】 病程呈慢性经过，表现为进行性消瘦、咳嗽、呼吸困难，体温一般正常。牛以肺结核和淋巴结核为最多见，其次是乳房结核和胸、腹膜结核，也可见于其他脏器、骨及关节等（见图7-13、图7-14）。

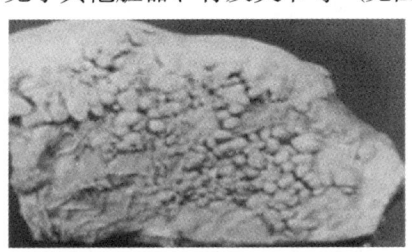

图7-13 胸膜（腹膜）结核结节

图7-14 子宫黏膜结核

(1) 肺结核

病牛呈进行性消瘦，病初有短促干咳，渐变为湿性咳嗽。听诊肺区有啰音，胸膜结核时可听到磨擦音。叩诊有实音区并有痛感。

(2) 乳房结核

奶量渐少或停奶，乳汁稀薄，有时混有脓块。乳房淋巴结硬肿，但无热痛。

(3) 淋巴结核

不是一个独立病型，各种结核病的附近淋巴结都可能发生病变。淋巴结肿大，无热痛。常见于下颌、腹股沟等淋巴结。

(4) 肠结核

多见于犊牛，以便秘与下痢交替出现或顽固性下痢为特征。

(5) 神经结核

中枢神经系统受侵害时，在脑和脑膜等可发生粟粒状或干酪样结核，常引起神经症状，如癫痫样发作、运动障碍等。

【诊断】 当牛发生不明原因的渐进性消瘦、咳嗽、肺部异常、慢性乳腺炎、顽固性下痢、体表淋巴结慢性肿胀等，可作为疑似本病的依据。牛死后可根据特异性结核病变做出诊断，必要时进行微生物学检验。

用结核菌素作变态反应对牛进行检疫是诊断本病的主要方法。

【防控】 主要采取综合性防疫措施，防止疾病传入，净化污染群，培育健康牛群。

(1) 健康牛群

平时加强防疫，检疫和消毒措施，防止疾病传入。每年春秋两季定期进行结核病检疫，发现阳性病畜及时处理。

(2) 污染牛群

反复进行多次检疫，淘汰污染群的开放性病畜及生产性能不好的结核菌素反应阳性病畜。

(3) 假定健康牛群

应在第一年每隔3个月进行一次检疫，直到完全没有阳性牛出现为止，然后在1~1.5年的时间内连续进行3次检疫，如果3次均为阴性反应即可改称为健康牛群。

173.牛肺疫的临床症状和病理变化有哪些？如何防控？

牛肺疫又名为传染性胸膜肺炎，是由牛胸膜肺炎丝状支原体所引起的一种接触性传染病，以纤维素性肺炎和胸膜炎为特征。

【流行特点】 病牛或带菌牛是主要传染源，病原体随呼吸和呼吸道分泌物排出体外，污染饲料、饮水，经消化道或呼吸道传染。发病率和死亡都较高。

【临床症状】 潜伏期一般为2~4周，最长可达4个月。按病情不同分为急性型、亚急性型和慢性型。

急性型体温升高，达40~42℃，呈稽留热，呼吸困难呈腹式呼吸。病畜不愿卧下，常有带痛的短咳，有时流出浆液性或脓性鼻液。肺部听诊有啰音、支气管呼吸音和胸膜摩擦音。叩诊有浊音或水平浊音。病畜瘤胃弛缓，泌乳量下降，结膜发绀。亚急性型症状比急性型稍轻，慢性型病牛消瘦，消化功能紊乱，咳嗽疼痛，使役和泌乳下降，最后窒息而发生死亡。

【病理变化】 肺充血呈鲜红色或紫红色，病灶出血水肿。肺实质可见到不同时期的肝变，呈现红色与灰白色相间的大理石样病变。肺间质水肿、增宽，呈灰白色。胸膜粗糙，表面附有纤维素性物质，胸腔内积有黄色浑浊液体。

【诊断】 病畜呈稽留热、咳嗽、肺部有啰音。根据典型的浆液性纤维素性胸膜肺炎症状和肺部出现大理石样病理变化可做出初步诊断。

【防控】 坚持自繁自养，不从疫区引进牛只。必须引进时，要进行严格检疫，隔离观察3个月，确认无病时才能入群。疫区和受威胁区每年定期接种牛肺疫兔化弱毒苗或兔化绵羊弱毒苗，连续3~5年。流行期间，捕杀病牛和与病牛接触过的牛只，做好隔离、消毒、封锁和紧急接种，环境及用具可用2%来苏儿溶液消毒。发现病牛及时捕杀。

174.牛巴氏杆菌病的临床症状和病理变化有哪些？如何防治？

牛巴氏杆菌病是由多杀性巴氏杆菌引起的一种败血性传染病。急性经过主要以高热、肺炎或急性胃肠炎和内脏广泛出血为主要特征，呈败血症和出血性炎症，故称牛出血性败血病，简称为牛出败。

【病原】 多杀性巴氏杆菌是一种两端钝圆、中央微凸的球状短杆菌，多散在、不能运动、不形成芽胞。革兰氏染色阴性；用碱性美蓝或瑞氏染血片或脏器涂片，呈两极浓染，故又称两极杆菌。两极浓染具诊断意义。该菌抵抗力弱，在干燥空气中仅存活2~3d，在血液、排泄物或分泌物中可生存6~10d，但在腐败尸体中可存活1~6月；阳光直射下数分钟死亡，高温立即死亡；一般消毒液均能杀死，对磺胺、土霉素敏感。

【流行特点】 本菌为条件病原菌，常存在于健康畜禽的呼吸道，与宿主呈共栖状态。当牛饲养管理不良时，如寒冷、闷热、潮湿、拥挤、通风不良、疲劳运输、饲料突变、营养缺乏、饥饿等因素使机体抵抗力降低，该菌乘虚侵入体内，经淋巴液入血液引起败血症，发生内源性传染。病畜由其排泄物、分泌物不断排出有毒力的病菌，污染饲料、饮水、用具和外界环境，主要经消化道感染，其次通过飞沫经呼吸道感染健康家畜，亦有经皮肤伤口或蚊蝇叮咬而感染的。该病常年可发生，在气温变化大、阴湿寒冷时更易发病，常呈散发性或地方流行性发生。

【症状】 潜伏期 2~5d。根据临床表现，本病常表现为急性败血型、浮肿型、肺炎型。

急性败血型：病牛初期体温可高达 41~42℃，精神沉郁，反应迟钝，肌肉震颤，呼吸、脉搏加快，眼结膜潮红，食欲废绝，反刍停止。病牛表现为腹痛，常回头观腹，粪便初为粥样，后呈液状，并混杂黏液或血液，具恶臭。一般病程为 12~36h。

浮肿型：除表现全身症状外，特征症状是颌下、喉部肿胀，有时水肿蔓延到垂肉、胸腹部、四肢等处。眼红肿、流泪，有急性结膜炎。呼吸困难，皮肤和黏膜发绀，呈紫色至青紫色，常因窒息或下痢虚脱而死。

肺炎型：主要表现纤维素性胸膜肺炎症状。病牛体温升高，呼吸困难，痛苦干咳，有泡沫状鼻汁，后呈脓性。胸部叩诊呈浊音，有疼感。肺部听诊有支气管呼吸音及水泡性杂音。眼结膜潮红，流泪。有的病牛会出现带有黏液和血块的粪便。本病型最为常见，病程一般为 3~7d。

【病理变化】

急性败血型：主要呈全身性急性败血症变化，内脏器官出血，在浆膜与黏膜以及肺、舌、皮下组织和肌肉出血。

浮肿型：主要表现为咽喉部急性炎性水肿，病牛尸检可见咽喉部、下颌间、颈部与胸前皮下发生明显的凹陷性水肿，手按时出现明显压痕，有时舌体肿大并伸出口腔，切开水肿部会流出微混浊的淡黄色液体，上呼吸道黏膜呈急性卡他性炎，胃肠呈急性卡他性或出血性炎，颌下、咽背与纵隔淋巴结呈急性浆液出血性炎。

肺炎型：主要表现为纤维素性肺炎和浆液纤维素性胸膜炎。肺组织颜色从暗红、炭红到灰白，切面呈大理石样病变。胸腔积聚大量有絮状纤维素的渗出液。此外，还常伴有纤维素性心包炎和腹膜炎。

【诊断】

（1）临床诊断

根据病牛高热、鼻流黏脓分泌物、肺炎等典型症状可进行初步诊断。急性败血型常见多发性出血，浮肿型常见咽喉部水肿，肺炎型主要表现为肺两侧前下部有纤维素性肺炎和胸膜炎。如需确诊，应做实验室检查。

（2）实验室诊断

生前可采取血液、水肿液等病料，死后可采取心、血、肝、脾、淋巴结等病料。

（3）直接镜检

血液做推片，脏器以剖面作涂片或触片，美蓝或瑞氏染色，镜检如发现大量的两极染色的短小杆菌，或革兰氏染色，为革兰氏阴性、两端钝圆短小杆菌，即可初诊。

（4）分离培养

无菌采取病料，接种于血液琼脂平板和麦康凯琼脂，37℃培养24h，此菌在麦康凯琼脂上不生长，在血液琼脂平板可见有淡灰白色、圆形、湿润、不溶血的露珠样小菌落。涂片染色镜检为革兰氏阴性小杆菌。必要时进一步做生化实验鉴定。

（5）鉴别诊断

对于急性死亡的病牛，应注意与炭疽、气肿疽、恶性水肿病的鉴别。肺部病变还应与牛肺疫等鉴别。巴氏杆菌病因有高热、肺炎、局部肿胀以及死亡快等特点，易与炭疽、气肿疽和恶性水肿相混淆，应注意鉴别。

炭疽：炭疽病牛临死前常有天然孔出血，血液呈暗紫色，凝固不良，呈煤焦油样，死后尸僵不全，尸体迅速腐败；脾脏可比正常肿大2～3倍，将血液或脾脏做涂片，革兰氏或瑞氏染色，可见菌体为革兰氏阳性、两端平直、呈竹节状、粗大带有荚膜的炭疽杆菌。而巴氏杆菌病则没有上述病理变化，可见菌体为革兰氏染色阴性、两端浓染的细小的球杆菌。

恶性水肿：多发生于外伤、分娩和去势之后，伤口周围呈气性、炎性肿胀，病部切面苍白，肌肉呈暗红色，肿胀部触诊有轻度捻发音。以尸体的肝表面做压印片染色镜检，可见革兰氏阳性、两端钝圆的大杆菌。

气肿疽：多发生于4岁以下的牛，肿胀主要出现在肌肉丰满的部位，呈炎性、气性肿胀，手压柔软，有明显的捻发音。切开肿胀部位，切面呈黑色，从切口流出污红色带泡沫的酸臭液体。肿胀部的肌肉内有暗红色的坏死病灶。由于气体的形成，肌纤维的肌膜之间形成裂隙，横切面呈海绵状。实验室检验，气肿疽梭菌菌体为两端钝圆的大杆菌。气肿疽在我国已基本上得到控制。

【防治】 预防牛出血性败血症主要是加强饲养管理，避免各种应激，增强抵抗力，定期接种疫苗。预防注射可使用血清抗体，100kg 以下的牛皮下或肌肉注射 4ml，100kg 以上的牛注射 6ml，免疫力可维持 9 个月。

发病后对病牛立即隔离治疗，可对病牛注射敏感抗生素，如氧氟沙星，肌肉注射，每千克体重 3~5mg，连用 2~3d，恩诺沙星，肌肉注射，每千克体重 2.5mg，连用 2~3d。消毒圈舍，每日 2~3 次。未发病牛紧急注射牛出败疫苗。

175.犊牛大肠杆菌病的临床症状是什么？如何防治？

犊牛大肠杆菌病又称犊牛白痢，是由一定血清型的大肠杆菌引起的一种急性传染病。

【流行特点】 大肠杆菌广泛分布于自然界，动物出生后很短时间即可随乳汁或其他食物进入胃肠道，成为正常菌。新生犊牛当其抵抗力降低或发生消化障碍时，均可发病。本病主要是经消化道感染，子宫内感染和脐带感染也有发生。本病多发生于 2 周龄以内的新生犊牛。

【发病原因】 一是犊牛出生后不喂初乳或初乳喂量不足，母牛体弱，营养不良，矿物质、维生素不足与缺乏。二是犊牛舍狭窄，牛只密度过大，牛舍阴暗潮湿，阳光不足，防寒条件差，犊牛受寒感冒以及断脐消毒不严等。

【临床症状】 临床表现可分为三种类型。

(1) 败血型

也称脓毒型。潜伏期很短，仅数小时。主要发生于产后 3d 内的犊牛。大肠杆菌经消化道进入血液，引起急性败血症，发病急，病程短。表现为体温升高，精神不振，不吃奶，多数有腹泻，粪似蛋白汤样，淡灰白色，四肢无力，卧地不起，多发生于吃不到初乳的犊牛。败血型发展很快，常于病后 1d 内死亡。

(2) 中毒型

也称肠毒血型，此型比较少见。主要是由于大肠杆菌在小肠内大量繁殖产生毒素所致。急性者未出现症状就突然死亡。病程稍长的,可见典型的中毒性神经症状,先不安、兴奋,后沉郁,直至昏迷,进而死亡。

(3) 肠炎型

也称肠型,体温稍有升高,主要表现为腹泻。病初排出的粪便呈淡黄色,粥样,有恶臭,继而呈水样,淡灰白色,混有凝血块、血丝和气泡。严重者出现脱水现象,卧地不起,全身衰弱,如不及时治疗,常因虚脱或继发肺炎而死亡。个别病例也会自愈,但以后发育迟缓。

【病理变化】 剖检主要呈现胃肠炎变化。

【预防措施】

(1) 养好妊娠母牛

改善妊娠母牛的饲养管理,保证胎儿正常发育,产后能分泌良好的乳汁,以满足新生犊牛的生理需要。

(2) 及时饲喂初乳

为使犊牛尽早获得抗病的母源抗体,在产后 30min 内(至少不迟于 1h)喂上初乳,第一次喂量应稍大些,在常发病的牛场,犊牛在饲喂初乳前皮下注射母牛血液 30~50ml,并及早喂上初乳,是预防犊牛大肠杆菌的重要一环。

(3) 保持清洁卫生

产房要彻底消毒,接产时,母畜外阴部及助产人员手臂用 1%~2% 来苏儿液清洗消毒。严格处理脐带,在距腹壁 5cm 处剪断,断端用 10% 碘酚浸泡 1min 或灌注,防止因脐带感染而发生败血症。要经常擦洗母牛乳头。

【治疗】 本病的治疗原则是抗菌、补液、调节胃肠机能和调整肠道微生态平衡。

(1) 抗菌

可用土霉素、链霉素或新霉素。内服的初次剂量为每千克体重 30~50mg。12h 后剂量可减半,连服 3~5d。或以每千克体重 10~30mg 的剂量肌肉注射,每日 2 次。

(2) 补液

将补液的药液加温,使其接近体温。补液量以脱水程度而定,原则上失多少水补多少水。当有食欲或能自吮时,可用口服补液盐。口服补液盐处方:氯化钠 1.5g、氯化钾 1.5g、碳酸氢钠 2.5g、葡萄糖粉 20g、温水 1 000ml。不能自吮时,可用 5% 葡萄糖生理盐水或复方氯化钠液 1 000~

1 500ml，静脉注射。发生酸中毒时，可用5%碳酸氢钠液80~100ml。注射时速度宜慢。如能配合适量母牛血液更好，皮下注射或静脉注射，一次150~200ml，可增强抗病能力。

（3）调节胃肠机能

可用乳酸2g、鱼石脂20g、加水90ml调匀，每次灌服5ml，每日2~3次。也可内服保护剂和吸附剂，如次硝酸铋5~10g、白陶土50~100g、活性炭10~20g等，以保护肠黏膜，减少毒素吸收，促进早日康复。有的用复方新诺明，每千克体重0.06g，乳酸菌素片5~10片，干酵母5~10片，混合后一次内服，每日2次，连用2~3d，疗效良好。

（4）调整肠道微生态平衡

待病情有所好转时，可停止使用抗菌药，内服调整肠道微生态平衡的生态制剂。例如，促菌生6~12片，配合乳酶生5~10片，每日2次，或健复生1~2包，每日2次，或其他乳杆菌制剂，使肠道正常菌群早日恢复生态平衡，有利于早日康复。

176.牛沙门氏菌病的临床症状和病理变化有哪些？如何防治？

牛沙门氏菌病是由沙门氏菌属细菌引起的牛的传染性疾病。临床上以败血症、胃肠炎、怀孕母牛发生流产等为特征。牛沙门氏菌病主要由鼠伤寒沙门氏杆菌和都柏林沙门氏杆菌致病，有时其他沙门氏菌也可参与致病。

【流行特点】 牛表现出高热、精神沉郁、呼吸困难、排恶臭稀粪等临床症状，各年龄的牛都有发生。经过诊断，为鼠伤寒沙门氏杆菌和都柏林沙门氏杆菌所致。病牛、带菌牛或其他感染动物为主要传染源，通过分泌物、排泄物排出病原，污染饲料、水源、垫草、用具等，主要经消化道感染。此外，鼠类常携带病菌，传播疾病。气候突变、过度使役、长途运输、营养不良、哺乳不当、寄生虫侵袭等因素都可促进本病的发生。

【临床症状】 犊牛常于10~14d以后发病，体温升高达41℃，脉搏、呼吸加快，排出恶臭稀粪，含有血丝或黏液，表现出拒食、卧地不动、迅速衰竭等症状。一般于病症出现后5~7d死亡，病死率可达60%。部分病牛可恢复，病程长的会出现关节炎和肺炎症状。

成年牛以高热、昏迷、食欲废绝、脉搏增数、呼吸困难开始，体力迅速下降，粪便稀薄带血丝，不久即下痢，粪便恶臭，带有黏液或黏膜絮片。病牛腹痛剧烈，常用后肢蹬踢腹部，病程长的，可见消瘦、脱水、眼球下陷、眼结膜充血发黄。

怀孕牛会发生流产，从流产胎儿中分离出沙门氏菌。个别成年牛有时表现为顿挫型经过，表现为发热、食欲减退、精神委顿，不久这些症状即可消失。

【病理变化】成年牛主要表现为出血性肠炎，肠黏膜潮红、出血，严重的肠黏膜发生脱落，大肠有局限性坏死区，肠系膜淋巴结不同程度水肿、出血，脾脏充血、肿大，肝脏发生脂肪变性或有灶性坏死区。

急性死亡的犊牛，心壁、腹膜及胃肠黏膜出血，肠系膜淋巴结水肿或出血，肝脏、脾脏和肾脏都有坏死性病灶。关节受到损害的，腱鞘和关节腔内含有胶样液体。肺脏可见肺炎病灶区。

【实验室诊断】

（1）病料采集

生前取血液、分泌物、排泄物作为病料，死后采血液、肝脏、脾脏、淋巴结及胸腔渗出液作为病料。

（2）染色镜检

在显微镜下见到革兰氏阴性的直杆状细菌，有鞭毛，能运动。

（3）分离培养

用普通琼脂、SS琼脂、麦康凯琼脂及鲜血琼脂培养后分离出沙门氏菌。

【防治措施】

（1）加强饲养管理，防止和减少应激，提高机体抗病力。防止鼠类污染饲料、水源。

（2）合霉素，每次0.5~1g，每日2~3次，口服，连用5d。土霉素，每日1~2g，连服2d。呋喃唑酮，每千克体重0.007~0.01g，连服7d。对症治疗须强心补液（静注5%葡萄糖盐水、10%安钠咖），补充维生素A和复合维生素。

（3）对环境、用具用1∶600倍的百毒杀每天彻底消毒一次。

（4）对常发病的牛群，可用本地分离的致病菌株制备沙门氏菌多价灭活苗，进行预防接种。

177.钩端螺旋体病的临床症状是什么？如何防治？

钩端螺旋体病是由一群致病性钩端螺旋体引起的人畜共患的自然疫源

性急性传染病,特征为短期发热、黄疸、血红蛋白尿、出血、流产、皮肤和黏膜坏死。奶牛易患。

【流行特点】 病畜和带菌动物是主要传染源,由尿排出,污染水源、土地、饲料等,经消化道或皮肤黏膜传染。吸血昆虫也可传染。

【临床症状】 潜伏期一般为 2~20d,多为隐性感染。最急性型多为犊牛,表现为体温突然上升,呼吸心跳加快,结膜发黄,尿红色,腹泻,红细胞降至 $1 \times 10^6 \sim 3 \times 10^6/mm^3$,1d 内死亡。急性型病牛表现为高热、黄疸,尿色暗,有大量白蛋白、血红蛋白和胆色素,皮肤干裂坏死或溃疡,发病 3~7d 多死亡。奶牛多见于亚急性型,症状与急性型相似,泌乳减少或停止,乳汁变稠,色黄或混有凝血块,孕牛流产。病程 3~4 个月,其间有 3~4 次周期性出现发热、黄疸和血尿等症状。病牛消瘦,产奶下降。有的牛流产是唯一症状。

【防治】 消灭鼠类,隔离病牛和带菌者,切断传染源。常发地区应定期接种钩端螺旋体多价疫苗。治疗用抗生素有效,早治为好,剂量适当增加。

178.肝片吸虫病的临床症状和病理变化有哪些?如何防治?

肝片吸虫病是由肝片吸虫寄生于牛羊胆管内引起的寄生虫病,以肝炎、肝硬化、胆管炎和消瘦为特征。

【流行特点】

(1) 易感动物

主要感染牛羊,其次为骆驼、鹿、猪、马、驴、骡、兔等家畜及野生动物。

(2) 感染来源

病畜和带虫者是重要的感染来源。

(3) 流行季节

感染多在夏秋季节。

【临床症状】 分为急性型和慢性型。

急性型是由幼虫引起的,多发生于绵羊和犊牛,见于秋末冬初。表现为体温升高,精神沉郁,食欲减退,有时腹泻,肝区扩大,触压和叩诊有痛感,结膜黄染,迅速消瘦,经 5~10d 死亡或转为慢性。

慢性型是由成虫引起的,多发生于冬末和春季。患畜表现精神沉郁,运动无力,消瘦,结膜苍白;绵羊下颌及牛颈下水肿,早晨明显,运动后减轻或消失；间歇性瘤胃臌气和前胃弛缓，腹泻或腹泻与便秘交替发生；孕畜易流产和早产。经 2~3 个月死亡或隐性带虫 3~5 年。

【病理变化】 剖检特点是尸体消瘦，皮下及其他脂肪沉积处水肿，呈胶陈样。肝脏病变区实质萎缩变硬，呈土黄色。胆管高度扩张，管壁显著增厚，牛管壁常有钙盐沉着，刀刮有沙粒感，挤压时流出污秽的棕绿色胆汁和虫体。

【诊断】

(1) 剖检

急性型剖检可见肝脏肿大、充血，表面有纤维素沉着和 2~5mm 长的暗红色虫道。切开挤压时，从胆管流出黏稠暗黄色胆汁和虫体。

(2) 粪便检查法

用直接抹片法、沉淀法或尼龙筛淘洗法来确定虫卵。

【防治措施】

(1) 预防

定期驱虫、粪便发酵处理、轮牧、饮水及饲草卫生、消灭中间宿主、肝脏严格处理。

(2) 治疗

可选用三氯苯达唑（肝蛭净），每千克体重用 10~15mg，配成 5%~10% 混悬液灌服。也可以选择硝氯酚（国产拜耳 9015），每千克体重用 6mg；硫双二氯酚（别丁），每千克体重用 30~60mg；硫苯咪唑或丙硫咪唑，每千克体重用 10~20mg，配成混悬液灌服。

179. 什么是牛囊尾蚴病？如何防治？

牛囊尾蚴病又称牛囊虫病，成虫为牛肉带绦虫，寄生于人的小肠，因其头节上无顶突和小钩，故又称无钩绦虫。虫体很长，大的可达 10m，由 1 000~2 000 个节片组成，每一孕节含卵 10 万个，繁殖力很强。幼虫为牛囊尾蚴，呈椭圆形囊泡，长径 5~9mm，短径 4~5mm，主要寄生在牛咬肌、心肌、肩胛外侧肌、舌肌和臀部肌。

【流行特点】 牛囊尾蚴牛易感，羊和鹿偶有感染。

【临床症状】 通常病牛无症状。重度感染急性期，在感染 30~50d 时表现体温升高，咳嗽、肌肉震颤、运动障碍，以后转为慢性，病状逐渐消失。

【防治】 防治本病的关键是管理好人的粪便，不能让人粪污染牛的饲料和牧场，人不吃未熟的牛肉，同时加强肉品卫生检疫，并按规程处理。

病牛治疗可口服吡喹酮，剂量为每千克体重30mg，连用7d，或每千克体重50mg，连用2~3d。

180.棘球蚴病如何防治？

棘球蚴病是细粒棘球绦虫和多房棘球绦虫的幼虫——棘球蚴，寄生于牛、羊等动物和人的肝脏、肺脏及其他器官中所引起的疾病，俗称包虫病。该病是对家畜和人危害极大的人畜共患寄生虫病。成虫寄生于犬、狼、狐等肉食动物的小肠。

【流行特点】 犬是主要的感染来源。犬将含卵粪便排到草场上，放牧的牛采食后即患棘虫蚴病；含棘虫蚴的肝、肺随便丢弃，被犬吃到，在其小肠内发育为成虫。我国大部分省区均有发生，以牧区最为多见。

【临床症状】 轻度感染症状不明显，严重感染时可见病畜被毛逆立，时常脱毛，消瘦，常引起腹胀，肺部寄生则有明显的咳嗽等呼吸道症状，咳后往往卧地不起。

【诊断】 本病无特异性症状，生前诊断较困难。剖检可在肝脏、肺脏见到青紫甚至发亮的棘球蚴包囊。

【防治】

(1) 患病器官无害化处理

将患有棘球蚴的肝、肺销毁（烧掉）或深埋。

(2) 驱除犬体内的绦虫

用氢溴酸槟榔碱（每千克体重2~5mg）或吡喹酮（每千克体重5mg）等药物混于肉馅中，每季度驱虫1次。喂前拴牢，绝食12h，喂后继续拴牢1~2d，并将所排粪便及垫草全部焚烧或深埋。

181.多头蚴病的临床症状是什么？如何防治？

多头蚴又名脑包虫，是由寄生于狗、狼等肉食兽小肠里多头绦虫的幼虫（脑多头蚴）寄生于牛、羊的脑部所引起的一种绦虫蚴病，亦可感染人。

【流行特点】 多头绦虫成虫寄生在犬小肠后，其成熟的孕卵节片或者虫卵随粪便排出，污染牛羊的饲草或饲料，被牛羊食入后，虫卵内的六钩蚴随血液进入脑内发育为多头蚴导致牛患脑多头蚴病。犬因吞食患脑多头蚴病的牛羊脑而感染多头绦虫，一般在小肠内经过1~2个月发育为成虫。

【临床症状】 患病初期体温升高,呼吸和心跳加快,强烈兴奋甚至急性死亡,后期体温多正常或者略高,病畜将头倾向脑多头蚴寄生侧做圆圈运动。如果虫体寄生于脑前部,患畜头低垂,向前猛冲或者抵物不动;若寄生于脑后部则头高举或者后仰,做后退运动或者坐地不能站立;若寄生于脑脊髓部则后躯麻痹;若寄生于脑表面可颅骨萎缩而变软变薄,触诊有痛感,病畜视力减退甚至失明。一般在疾病症状未发作的时候食欲略减或者基本正常。

【诊断】 根据其特异症状容易确诊。

【防治】

(1) 预防

加强卫生检验,不用患脑多头蚴的牛羊脑及脊髓喂犬。加强犬的管理,做好定期预防性驱虫(用药及用量同治疗)并且无害化处理犬粪,防止其中的孕卵节片或者虫卵污染人、畜的食物、草料和饮水。

(2) 治疗

根据症状确定寄生部位,手术摘除虫体。手术摘除脑表面的多头蚴效果尚好,若多头蚴过多或在深部不能取出时,可囊腔内注射酒精等杀死多头蚴。

早期病例可选用吡喹酮,牛、羊每千克体重75~100mg,内服,连续3d为一个疗程,或与液体石蜡以1:9的比例混合,每千克体重15~30mg,患畜臀部深层肌肉注射。

182.蜱病的流行特点和危害是什么?如何防治?

蜱病是蜱寄生在多种动物体表的一种吸血性外寄生虫病。

蜱别名壁虱、草爬子、狗豆子,主要危害是吸血,同时传播疾病,包括传播几十种原虫病。蜱不但直接侵袭动物,还是许多重要传染病及寄生虫病的病原传播媒介。

【流行特点】

(1) 幼虫和若虫多寄生于啮齿动物和禽类,成虫寄生于大家畜体表。除蜕化和产卵时外,一般不离开宿主。以吸血为生(见图7-15)。

(2) 借助于哈氏器发现动物,多在白天寻找宿主。

(3) 多寄生于皮肤薄而少毛的部位。

(4) 活动有明显的季节性,在春季开始活动,夏、秋两季活动高峰期,

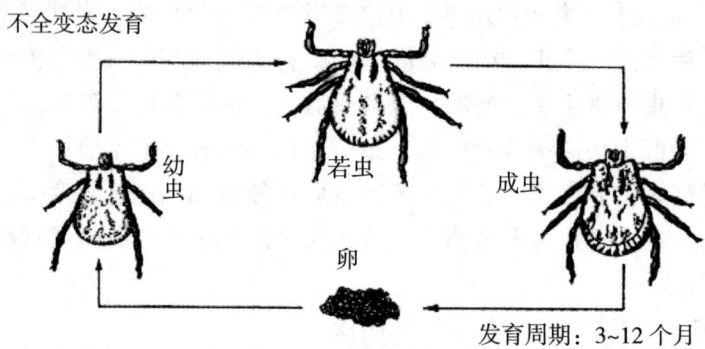

图 7-15 蜱的发育史

冬季一般在自然界或宿主体上过冬，能长时间（几个月）耐受饥饿和较低温。

(5) 高温、干旱的季节和地区容易暴发蜱病。

(6) 繁殖力强。产卵量与蜱的种类和吸血量有关，一生产卵 2 000～18 000 个。

(7) 蜱的分布与气候、地势、土壤、植被和宿主等有关，各种蜱均有一定的地理分布区，如草原革蜱、残缘璃眼蜱。

(8) 蜱的扩散主要靠被动扩散。

【危害】

(1) 吸血，影响家畜健康和生产性能。

(2) 刺激寄生部位，造成局部损伤。

(3) 分泌毒素，使家畜出现神经麻痹（蜱瘫痪症）。

(4) 传播其他疾病（人、畜），如焦虫病、森林脑炎、莱姆病等。

【防治】

(1) 畜体灭蜱

伊维菌素：每千克体重 0.2mg，皮下注射，每隔 14d 注射一次。

手工或机械清除：及时清除，集中杀灭。

避免感染：避免在蜱活动的地域和时间放牧。

化学药物灭蜱：拟除虫菊酯类药物，如每千克体重用 25～50mg 溴氰菊酯；有机磷类药，如每千克体重用 250mg 二嗪农脒基类药或 250～500mg 双甲醚药浴、喷淋等。

(2) 畜舍灭蜱

堵塞畜舍内所有缝隙和小洞；用 1%～2% 的马拉硫磷或倍硫磷对圈舍

进行喷洒；更换圈舍，隔离封锁圈舍 10 个月以上；新鲜牧草暴晒后用上层喂家畜。

(3) 草场灭蜱

消灭啮齿类动物；翻耕、烧荒、除草；用 50% 马拉硫磷奶油 $0.4 \sim 0.75 ml/m^2$ 喷雾；开展生物防治，培育蜱天敌，如跳小蜂科、鸡、蜥蜴。

183.螨病的流行特点和临床症状有哪些？怎样防治？

螨病是由疥螨和痒螨寄生在体表而引起的慢性寄生性皮肤病。螨病又叫疥癣、疥虫病、疥疮，俗称癞皮病或"癞"。该病具有高度传染性，往往在短期内可引起畜群严重感染，危害十分严重。各种家畜和人都有各自的特异性病原，偶尔可以交叉感染。以皮肤剧痒、皮炎、脱毛和患部逐渐向四周蔓延为特征。

【流行特点】

(1) 易感动物

各种动物都可患螨病，但疥螨主要寄生于牛、山羊、猪。痒螨主要寄生于绵羊、兔、牛。幼畜皮嫩，最易感染。

(2) 感染途径

患病动物与健康动物互相接触感染是主要的感染途径。

(3) 流行季节

秋末、冬季和早春为高发期，炎夏为休眠期。

【临床症状】 以剧痒、皮炎、结痂和脱毛为特征，病畜逐渐消瘦，常在冬春季节引起大批死亡。

(1) 剧痒

这是贯穿于疾病始终的一个症状。由于痒，可见牛不断在围墙、栏柱、槽、桩等地方乱蹭，温暖、阴天、运动后加剧。

(2) 皮炎

虫体、毒素刺激皮肤发炎，形成结节，然后转为水疱，继而脓疮，由于蹭痒导致大面积毛、污垢、渗出液混杂在一起，形成结痂。

(3) 消瘦

由于痒觉的刺激，使患牛终日啃咬、摩擦及烦躁不安，影响正常采食和休息，而且患牛大面积脱毛，使皮肤裸露，体温大量散失，体内蓄积的脂肪被过量消耗，导致患牛迅速消瘦。

(4) 患螨病的特征

牛疥螨始于面部、尾根,颈背短毛处,逐渐蔓延全身。牛痒螨始于颈、肩、肉垂和尾根,严重时波及全身。

【诊断】 根据临床症状、流行病学资料进行综合分析,夏季少发,秋末冬季、初春多发,确诊需进行病原体检查。

【防治】

(1) 预防措施

每年定期药浴。经常检查畜群有无发痒、掉毛现象,及时发现,隔离饲养并治疗。畜群饲养不得过于密集,应宽敞、干燥、通风。注意消毒,用具保持清洁。外地购买的动物需要隔离观察。

(2) 治疗措施

局部涂擦,可用2%敌百虫溶液、0.1%~0.2%杀虫脒溶液或0.1%溴氰菊酯水溶液。全身用药可每千克体重用伊维菌素0.2mg或碘硝酚10mg,颈部皮下注射。

184.什么是牛焦虫病?如何防治?

牛焦虫病是由蜱为媒介的一种虫媒传染病。焦虫寄生于黄牛、水牛和奶牛的红细胞内,主要临床症状是高热贫血或黄疸,反刍停止,泌乳停止,食欲减退,消瘦严重者造成死亡。该病是由焦虫在蜱体内繁殖,牛、羊放牧时被蜱叮咬而感染的。此病以散发和地方流行为主,多发生于夏秋季节,以7~9月份为发病高峰期。有病区当地牛发病率较低,死亡率约为40%,由无病区运进有病区的牛发病率高,死亡率可达60%~92%。

引起牛焦虫病的焦虫可分为牛巴贝斯焦虫病和牛环形泰勒焦虫病两种。

(1) 牛巴贝斯焦虫病

该病潜伏期为9~15d,突然发病,体温升高到40℃以上,呈稽留热。病牛精神萎靡,食欲减退或消失,反刍停止,呼吸和心跳增快,可视黏膜黄染,有点状出血,初期拉稀,后期便秘,尿呈红色至酱油色。红细胞减少,血红素指数下降,急性病例可在2~6d内死亡。轻症病畜几天后体温下降,恢复较慢。

(2) 牛环形泰勒焦虫病

该病潜伏期为14~20d,病初体表淋巴结肿痛,体温升高到40.5~41.7℃,呈稽留热,呼吸急促,心跳加快,精神委顿,结膜潮红。中期体表淋巴结显著肿大，为正常的 2~5 倍，反刍停止，先便秘后腹泻，粪中带血丝，可视黏膜有出血斑点，步态蹒跚，起立困难。后期结膜苍白、黄染，在眼睑和尾部皮肤较薄的部位出现粟粒至扁豆大的深红色出血斑点，病牛卧地不起，最后衰竭死亡。患病牛要及早治疗，扑灭体表的蜱。良好的饲养管理和护理对愈后有良好的效果。

【防治】

(1) 预防

①有蜱的地区应定期灭蜱，牛舍内 1m 以下的墙壁要用杀虫药涂抹，杀灭残留蜱。

②对牛体表的蜱要定期喷药或药浴，以便杀灭。

③不要到有蜱的牧场放牧，在不安全牧场放牧的牛群，在发病季节来临前，定期药物预防，以防发病。

(2) 治疗

①贝尼尔：每千克体重用 3.5~3.8mg，配成 5%~7% 的溶液深部肌肉注射。轻症 1 次即可，必要时每日 1 次，连注 2~3 次。水牛对此药较敏感，一般用药 1 次较安全，连续使用易出现毒性反应，甚至死亡。黄牛偶尔出现起卧不安、肌肉震颤等副作用，可很快消失。

②黄色素：每千克体重 3~4mg，配成 0.5%~1% 的溶液静脉注射，症状未减轻时，24h 后再注射一次。病牛在治疗后的数日内须避免烈日照射。注射时，切忌将药液漏到血管外。

③阿卡普林：每千克体重用 0.6~1mg，配成 5% 的溶液皮下注射。有时注射后数分钟出现起卧不安、肌肉震颤、流涎、出汗、呼吸困难等副作用（孕牛可能流产），一般 1~4h 后自行消失。若不消失，可皮下注射阿托品，每千克体重 10mg，能迅速解除副作用。

④咪唑苯脲：每千克体重 2mg，配成 10% 的溶液，分 2 次肌肉注射。

⑤在选用以上药物治疗的同时，还应该采用对症疗法，才能收到更好的效果，如用维生素 B_{12} 治疗贫血，中等个体的牛一次皮下注射 1~1.5ml（80~120mg），有条件的可应用输血疗法，效果更好。

185.如何防治牛球虫病？

【预防】 应从以下四方面着手：第一，犊牛与成年牛分群饲养，以免球虫卵囊污染犊牛的饲料。第二，舍饲牛的粪便和垫草需集中消毒或生物热堆肥发酵，在发病时可用1%克辽林对牛舍、饲槽消毒，每周1次。第三，被粪便污染的母牛乳房在哺乳前要清洗干净。第四，添加药物预防，如氨丙啉，按0.004%~0.008%的浓度添加在饲料或饮水中，或摩能霉素按1kg饲料添加0.3g，既能预防球虫又能提高饲料报酬。

【治疗】 牛球虫病治疗可选用：氨丙啉，每千克体重20~50mg，一次内服，连用5~6d；呋喃唑酮，每千克体重7~10mg，内服，连用7d；盐霉素，每千克体重2mg，连用7d。

186.如何预防和治疗牛犊新蛔虫病？

（1）搞好牛舍清洁卫生，勤换垫草，勤除粪便，清理出的垫草和粪便要堆积发酵后下田。

（2）牛犊和母牛应分开饲养，以减少牛犊感染机会。同时也要进行预防性驱虫，即牛犊第1次驱虫在15~30日龄，间隔30d再进行第2次驱虫；母牛怀孕8个月以上，要驱除其内脏器官中的幼虫。每千克体重可用左旋咪唑6~7mg，一次内服，或3~4mg，一次肌注。也可每千克体重用丙硫咪唑10~15mg（成年牛用药量可适量增加），粉（片）剂用菜叶或树叶包好，一次投入口腔深部吞服。还可每千克体重用敌百虫40~50mg，配成水溶液一次灌服，或驱虫灵200~250mg溶于水中或混入饲料中一次喂服。

187.牛瘤胃积食的临床症状是什么？如何预防？治疗方法有哪些？

瘤胃积食是因大量采食精料或难以消化的粉碎过细的干粗纤维饲料，使瘤胃胀满，容积扩大，胃壁过度伸张，引起瘤胃运动减弱或停止的一种常发性消化系统疾病，中兽医称"宿草不转"。本病一年四季均可发生，但多见于冬、春季节，是牛的常见多发病之一。

【临床症状】 采食12h内突然发病。表现食欲降低，反刍减少或停止，鼻镜干燥，口腔酸臭，口色暗红，口温偏高，腹痛不安，拱背呻吟，回头顾腹，粪便干黑难下，颜色较深，有时恶臭，拳压左肷部胀满、坚实，重压成坑，且陷窝在1min内难以消失。听诊瘤胃蠕动音很弱，次数减少甚至消失。积食严重者，呼吸困难，卧地难起，双眼半闭，头颈贴地，呈昏睡状态。

【预防】 加强饲养管理，防止过食或突然更换饲料，合理搭配饲料，防止偷食，奶牛要科学饲喂精料。

【治疗】 消除病因，排除瘤胃内容物，抑制发酵和恢复瘤胃运动机能，防止脱水与自体中毒。

(1) 停喂、排除瘤胃内容物

轻症：按摩瘤胃每次10～20min，1～2h按摩一次。结合按摩灌服大量温水，效果更好。如瘤胃内容物腐败发酵，可先插入胃管，用0.1%的高锰酸钾或1%的碳酸氢钠进行洗胃。

重症：可内服泻剂，如硫酸镁或硫酸钠400～800g、番木鳖酊15～20ml、鱼石脂15～20g、龙胆酊20～50ml，一次内服，或液状石蜡1 000～2 000ml，一次内服，或盐类泻剂与油类泻剂并用。

(2) 促进瘤胃蠕动

当瘤胃内容物泻下后，可应用兴奋瘤胃蠕动的药物，如新斯的明等；使用促反刍液（10%氯化钠100ml、20%安钠咖10ml、5%氯化钙200ml）静脉注射，每日1次，每疗程为3～5d。

(3) 防腐止酵

鱼石脂15～30g、75%的酒精500～100ml、常水1 500～2 500ml，混合后一次灌服。

(4) 重症脱水伴有酸中毒

可用复方氯化钠或糖盐水2 000～3 000ml，每日2次，同时用5%碳酸氢钠500～800ml静脉注射。

(5) 中药疗法

以消食、顺气、润肠通便、制止异常发酵为原则，采用加味大承气汤（大黄500g、芒硝250g、川朴70g、枳实70g、火麻仁80g、郁李仁80g、香附子60g、木通50g，水煎），加植物油250g，一次投服。

(6) 瘤胃切开术

严重积食时，上述疗法效果不佳者，需进行手术疗法，即将瘤胃切开，取出积食，可迅速康复。

188.牛前胃弛缓的病因和临床症状是什么？治疗方法有哪些？

前胃弛缓是由于多种因素导致的前胃兴奋性降低，胃壁收缩力减弱，瘤胃内容物运转缓慢，菌群失调，产生大量腐败和酵解的有害物质，引起消化功能紊乱和全身机能紊乱的一种疾病。

【病因】 最常见的是谷类或其他精料饲喂量过多；饲料单纯，长期饲喂难以消化的、富含粗纤维的饲料；饲料品质不良及调制不当；突然变更饲料及饲养制度。慢性前胃弛缓多数是由急性前胃弛缓发展而来的。

【临床症状】 食欲改变，反刍减弱或停止，嗳气减少，瘤胃收缩减弱，运动次数减少至停止，触诊瘤胃无坚实感，粪便干硬或便秘、腹泻交替出现，色暗味臭，精神沉郁，对外反应迟钝，全身反应不明显，呼吸、脉率和体温正常，奶产量下降。

慢性前胃弛缓，食欲时好时坏，瘤胃运动时有时无，慢性瘤胃膨胀，便秘、腹泻交替出现，全身无力，体重渐减，衰竭，鼻镜干燥，眼凹陷，肌肉震颤，最后卧地不起。

【治疗】 治疗原则：促进前胃活动，缓泻止酵，调整并恢复胃肠机能。

(1) 清理胃肠（缓泻止酵）

硫酸钠（硫酸镁）300~500g、鱼石脂20g、酒精50ml、温水4 000~5 000ml，一次灌服，或液体石蜡1 000ml，苦味酊20~30ml，一次灌服，或植物油200~300ml，加水适量，一次灌服，或吐酒石2~4g，加水200~300ml，每日灌服1次，连用3d，但吐酒石易引起中毒。

(2) 增强胃功能

促反刍液（5%葡萄糖生理盐水500~1 000ml、10%氯化钠100~200ml、5%氯化钙溶液200~300ml、20%安钠咖注射液10ml），一次静脉注射，可促进胃蠕动。

新斯的明10~20mg或毛果芸香碱30~100ml皮下注射。对老龄牛、心衰、妊娠母牛禁用，以防虚脱和流产。

10%氯化钠注射液200~300ml、20%苯甲酸钠咖啡因注射液10ml，一次静注，连用3d。

(3) 改善瘤胃内环境

正常瘤胃内pH值是6~7。当瘤胃内pH值降低时，用氢氧化镁或氢氧化铝200~300mg、碳酸氢钠50g、常水适量，一次灌服，或碳酸盐缓冲剂（CBM）碳酸钠50g、碳酸氢钠300~400g、氯化钠100g、氯化钾100~140g、常水10 000ml，一次灌服。当pH值升高时，可用稀醋酸30~50ml或常醋300~1 000ml，加常水适量，一次灌用，也可用醋酸盐缓冲剂

（ABM）、醋酸钠 130g、冰醋酸 30ml、常水 10 000ml，一次灌服。连用数天。

取健康牛瘤胃液 500～1 000ml，一次灌服。

（4）防止脱水和自体中毒

25% 葡萄糖注射液 500～1 000ml、40% 乌洛托品注射液 20～50ml、20% 安钠咖注射液 10～20ml，一次静脉注射，同时皮下注射胰岛素 100～200IU。

（5）中药疗法

苍术 45g、厚朴 40g、陈皮 40g、甘草 20g、党参 40g、茯苓 40g、槟榔 45g、当归 40g，水煎，候温投服，连服 2 剂。

（6）如由瓣胃阻塞引起的前胃弛缓，应先进行瓣胃注射。瓣胃疏通后，前胃疾病自然缓解。

189. 牛瘤胃臌气的病因和临床症状是什么？如何预防？治疗方法有哪些？

瘤胃臌气是瘤胃内容物异常发酵，产生大量气体，致使瘤胃急剧扩张的一种疾病。

【病因】 本病是由于过食豆科牧草（尤其是鲜豆科牧草）或易发酵饲料，瘤胃产生大量气体，使胃壁过度伸张的一种疾病。常见的易发酵饲料有紫云英、豌豆苗、三叶草和霉败的青贮饲料等，特别是早晨放牧吃了含有露水的紫云英最易发生瘤胃膨气，另外食道梗塞、前胃弛缓等也可继发本病。

【症状】 左肷部明显臌气，严重时与脊柱平齐。叩诊呈鼓音，听诊有金属音。呼吸加快，严重者呼吸困难，腹部疼痛，四肢开张，后肢踢腹，发出呻吟。随病程发展，突然倒地死亡。由其他疾病引起的则程度较轻，呈间歇性臌气。

【预防】 避免采食过多幼嫩多汁的豆科牧草（尤其是由舍饲转为放牧时），或雨后、早晨有露水的嫩草。

【治疗】 治疗原则：排除气体，止酵消沫，健胃消导，强心补液。

（1）严重者穿刺放气（放气不可过急，防止发生脑贫血），然后经套管针筒注入福尔马林 10～15ml 或来苏儿 15～20ml（均配成 3% 溶液）。若为泡沫性的臌气，注入消沫药，如松节油 30～40ml 或二甲基硅油 100ml。

(2) 轻症者可用促进嗳气法排气。

(3) 制酵缓泻

硫酸镁 500~800g、人工盐 400~500g 或植物油 500~1 000ml。

(4) 恢复瘤胃机能，维护全身机能。

(5) 中药疗法

莱菔子 150g、芒硝 200g、滑石 100g。将以上各药研末，加菜油 500ml、醋 1 000ml，调匀，一次灌服。或用木香槟榔丸（木香 40g，槟榔 45g，香附子 45g，枳壳 40g，丑牛 45g，青皮 35g，陈皮 35g，大黄 45g，芒硝 100g），共研末，开水冲调，候温一次灌服。

190. 牛瓣胃阻塞的病因和临床症状是什么？治疗方法有哪些？

中兽医称瓣胃阻塞为"百叶干"，是由于前胃运动机能障碍，瓣胃收缩力减弱，致其内容物滞留于胃中，水分被吸收而引起阻塞。临床上以消化障碍，粪便干小，鼻唇镜干燥，瓣胃扩张、压痛、蠕动音减弱或消失为特征。

【病因】

(1) 原发性瓣胃阻塞

基本与前胃弛缓病因相同。此外，饮水不足、使役过重、缺乏运动等均能引起本病。

(2) 继发性瓣胃阻塞

多见于前胃弛缓、皱胃积食和变位及某些热性病的病程中。

【临床症状】 病初呈前胃弛缓症状，食欲下降，反刍减少或消失，鼻镜干燥，口腔黏膜干燥，色鲜红，有时有轻度臌气。此后大便干燥，色稍黑，且附有少量黏液。用力触压瓣胃区，可触及大而坚硬的瓣胃，有痛感，听诊瓣胃蠕动音减弱或消失。随病程发展，鼻镜干裂，粪便干黑而小，甚至呈算盘珠状，终因瓣胃小叶发炎和坏死、自体中毒和心力衰竭而死亡。

【治疗】 治疗原则：软化排出瓣胃内容物，恢复瓣胃运动机能，对症治疗。

(1) 灌服泻剂

用油类或盐类泻剂，硫酸镁 300~500g，加水配成 10% 溶液，或液体石蜡 1 000ml，一次灌服。当完全阻塞时，通常口服药物治疗无效，为恢复瓣胃机能，可用 5%~10% 氯化钠液 500ml、安钠咖 2g，一次静脉注射。

(2) 瓣胃注入术

注射部位在右侧第 8、9 肋间与肩端水平线交点处，用封闭针头向对侧肘头刺入 10~13cm，先注入少量生理盐水，回抽液有少量草渣证明已刺入瓣胃内，然后注入 20% 硫酸镁 1 000~2 000ml，可连用数日。

(3) 瓣胃冲洗术

必要时可通过切开瘤胃和真胃两个途径冲洗瓣胃。

191. 牛胃肠炎的病因和临床症状是什么？治疗方法有哪些？

胃肠黏膜表层及黏膜深层组织的炎症称胃肠炎。临床特征为腹痛、腹泻、发热、消化紊乱及出现中毒全身症状等。

【病因】 精粗饲料搭配失调（日粮粗纤维水平过低）饲料霉变、青饲料污染病原微生物或发热变质、霜冻、含过量泥沙等，饮食不均，饮水不洁，风寒感冒等。另外，中毒及感染某些病毒、细菌、寄生虫病等均可导致本病发生。

【临床症状】 患病牛精神不振，食欲减退，有时废绝，反刍减少，磨牙，呻吟，渴感增加，肠音亢进，粪稀如水，里急后重，或排出量少而恶臭的粪便，有多量黏液附于表面或混于其中，个别粪便带血或腥臭，随病情加重，可出现病牛严重脱水及酸中毒，眼球下陷，四肢无力，肌肉震颤，最后衰竭死亡。急性胃肠炎也可转为慢性，则病程很长，时好时发。

【治疗】 治疗以清理胃肠、保护黏膜、消炎、制酵、止泻、补充体液为原则。

(1) 加强饲养管理

停食 1~2d 以后给少量易消化的粥状饲料或青料。

(2) 清理消化道

用硫酸镁 50g、鱼石脂 5g、酒精 10ml、水 300ml，一次灌服，或用人工盐 50g、姜酊 20ml、水 30ml，一次灌服，或用磺胺胍 4~8g、碳酸氢钠 3~5g，或用药用炭 10g、亚硝酸铋 3g，加水适量，一次灌服。

(3) 杀菌消炎

可用庆大霉素 $2×10^5$IU，肌肉注射，每日 2 次，或敌菌净片，每千克体重 30mg，内服，每日 2 次，连用 3~5d。还可用卡那霉素、痢菌净等。

(4) 严重病羊进行补液

可用复方生理盐水或 5% 的葡萄糖溶液，静脉注射，每日 1 次。

(5) 解毒

可用25%葡萄糖液、5%碳酸氢钠、40%乌洛托品，混合后静脉注射，每日1次。

(6) 中药疗法

可用白头翁汤加味（白头翁72g、黄檗36g、黄连36g、秦皮36g、黄苓40g、枳壳45g、芍药40g、猪苓45g，水煎取汁），一次灌服。

192.牛感冒的病因和临床症状是什么？如何预防？治疗方法有哪些？

感冒是机体受风寒侵袭而引起的以上呼吸道炎症为主的急性热性全身性疾病。一年四季均可发生，但以早春和晚秋、气候剧变时多发。

【病因】 在寒冷侵袭、过劳或长途运输、营养不良或缺乏等因素作用下，机体屏障降低，上呼吸道黏膜血管收缩，分泌减少，气管黏膜上皮纤毛运动减弱，致使寄生于呼吸道黏膜上的微生物大量繁殖而发病。本病多见于老、弱牛及犊牛。

【临床症状】 病牛精神沉郁，食欲减退或废绝，呈现前胃迟缓症状。有的体温升高，皮温不整，多数患畜四肢、耳、鼻发凉。结膜潮红或轻度肿胀，畏光流泪。咳嗽，鼻塞，病初流浆液性鼻液，随后转为黏液性。呼吸加快，肺泡呼吸音粗糙，若并发支气管炎时，则出现干性或湿性啰音。心跳加快。

【预防】 防止牛受寒，特别要注意出汗后免受寒冷和风雨的侵袭。做好牛舍防寒保温工作。

【治疗】 治疗原则：解热镇痛，祛风散寒，防止继发感染。

(1) 解热镇痛

复方氨基比林注射液，20～50ml，肌肉注射，每日2次；柴胡注射液，20～40ml。

(2) 肌肉注射青霉素、链霉素

每次注射青霉素 $1.6×10^6$～$3.2×10^6$IU，链霉素 $1×10^6$～$2×10^6$IU，每日2次。

(3) 应用上述药物的同时，可肌肉注射地塞米松，每次 5～20mg，但孕牛禁用。

(4) 中药疗法

风热感冒（体表灼热、鼻液黏稠、干痛咳嗽、尿短赤）：以辛凉解表为主,可用银翘散(银花 45g、连翘 45g、桔梗 24g、薄荷 24g、牛蒡子 30g、豆豉 30g、竹叶 30g、芦根 45g、荆芥 30g、甘草 18g,水煎灌服)。如咳嗽较重加杏仁、贝母。

风寒感冒(发热较轻、咳嗽、鼻流清涕、尿清长):以辛温解表为主,可用荆防败毒散(荆芥、防风、桂枝、柴胡、生姜、甘草各 50g,茯苓、川芎、羌活、独活、前胡、枳壳、桔梗各 30g,煎服)或杏苏散(杏仁 18g、桔梗 30g、紫苏 30g、半夏 15g、陈皮 21g、前胡 24g、甘草 12g、枳壳 21g、茯苓 30g、生姜 30g、大枣 15g,研末,开水冲服)。

193.牛支气管炎的病因和临床症状是什么?治疗方法有哪些?

牛支气管炎为支气管黏膜表层或深层的炎症。临床表现主要是咳嗽、流鼻液,肺部听诊有干、湿性啰音。早春和晚秋季节多发。

【病因】 主要是受寒感冒或受各种理化因素的刺激而发病,或继发肺炎、喉炎、肺丝虫等某些传染病和寄生虫病。

【临床症状】 按病程可分为急性和慢性两种。

急性支气管炎的主要症状是咳嗽,当受冷空气刺激或触压喉、气管时,可引起强力咳嗽。病初咳嗽干、短而痛,3~4d 后随着分泌物的增加而变为湿性长咳,且疼痛减轻。流浆液性、黏液性或脓性鼻液。肺部听诊,初期肺泡呼吸音粗糙,2~3d 后可出现啰音,开始为干性啰音,以后随渗出物增多和变稀薄而呈现湿性啰音,但啰音出现的部位并不稳定,常可因咳嗽或体位改变而消失或转移。大多表现精神不振,食欲减退,体温升高 1~2℃,呼吸增数。当细支气管炎时,症状较重,体温可升高达 40℃ 以上,食欲明显下降或拒食,呼吸明显困难,脉搏增数,结膜发绀。

慢性支气管炎病程较长,其主要表现为持续性咳嗽、流鼻液,症状时重时轻,当受冷空气刺激后,咳嗽加剧。严重病例常继发肺泡气肿,肺部常呈现各种啰音,肺部叩诊界扩大。

【预防】 加强运动,避免受风、寒、雨等各种不良因素的刺激,出现感冒、喉炎等应及时治疗。

【治疗】 基本原则是以消除炎症、化痰、祛痰、止咳、平喘、制止渗出和促进炎性渗出物吸收为主,辅以合理护理。

(1) 消炎

常静脉注射磺胺嘧啶钠、青霉素、链霉素,或红霉素配合磺胺。也可

用青霉素 4×10^6IU、链霉素 1×10^6IU，溶于 0.25%～0.5% 盐酸普鲁卡因溶液或蒸馏水 10～20ml 中，气管内注射，每日 1 次。病情严重时，可选用四环素、卡那霉素、庆大霉素或环丙沙星类药物，配合氢化可的松、强的松龙治疗。

(2) 止咳、化痰、祛痰

内服氯化铵 25g、远志酊 100～200ml、酒石酸锑钾 5g、复方甘草合剂 100～150ml 或杏仁水 40～80ml。

(3) 平喘

可用强的松龙、地塞米松、氨茶碱、麻黄素等。

(4) 制止渗出和促进炎性渗出物吸收

可静脉注射氯化钙或葡萄糖酸钙、维生素 C，以制止渗出，强心利尿。

194. 牛酮病的病因和临床症状是什么？治疗方法有哪些？

酮病又称牛醋酮血病，是糖类和脂肪代谢紊乱引起的酮血、酮奶、酮尿和低血糖。多见于营养良好的高产奶牛，多数于产后 1～2 周内发病，个别的于产后 2～3d 发病。

【病因】 原发性酮病主要是因精粗料比例不当，喂过多的富含蛋白质和脂肪的饲料，而碳水化合物饲料不足，当怀孕、分娩和泌乳时，机体代谢负担过重，使糖类和脂肪代谢发生紊乱，产生大量酮体（乙酰乙酸、β-羟丁酸、丙酮）。而继发性酮病多见于产后瘫痪、前胃弛缓、创伤性网胃炎、肝脏疾病、子宫内膜炎、乳房炎和饲料中毒等。

【症状】 多发生在 4～9 岁间营养良好的高产奶牛，常于分娩 1 周后发病。主要症状是食欲减退、体况下降、产奶量减少。神经症状表现为先兴奋后抑制。后期多见营养衰竭、消瘦、四肢瘫痪、卧地不起，有时呈半昏睡状态。病牛呼出的气体及奶、尿中均含有酮类气味（似氯仿的芳香味）。

【治疗】 应合理搭配精粗饲料，尤其在妊娠后期，要多给予青干草和多汁饲料。治疗原则是提高血糖水平和防止酸中毒。

(1) 补糖

可静脉注射 25% 葡萄糖液 500～1000ml，每日 1 次，同时肌肉注射胰岛素 100～150IU，以增高肝糖之贮备。

(2) 促进糖原异生作用

可肌肉注射促肾上腺皮质素 200～600IU，或静脉滴注氢化可的松 0.5g。

(3) 补充生糖物质

可饲喂丙二醇或甘油 100~250ml，连用数天。

(4) 解除酸中毒

可静脉注射 5% 碳酸氢钠液 500~1 000ml，一日 3 次，连用 5~6d。

195.牛白肌病的病因和临床症状是什么？如何防治？

白肌病是犊牛常发生的一种地方性营养性疾病，主要由于饲料长期缺乏硒或维生素 E 所致。以骨骼肌、心肌纤维以及肝组织等发生变性、坏死为主要特征，因病变部肌肉色淡，甚至苍白而得名。

单纯的硒缺乏症在临床上并不多见，大多数病例是由微量元素硒和维生素 E 的共同缺乏所导致。多发生于秋冬、冬春气候骤变，青绿饲料缺乏时，其发病率和死亡率较高，呈地方性发病。

【病因】 本病的发生主要是因为饲料中硒和维生素 E 缺乏，或饲料内钴、锌、银等微量元素含量过高而影响动物对硒的吸收。当饲料、饲草中硒的含量低于千万分之一时就可发生硒缺乏症。

维生素 E 是一种天然的抗氧化剂，当饲料保存条件不好，如高温、湿度过大、淋雨或暴晒以及存放过久，饲料酸败变质，则饲料中的维生素 E 很容易被分解破坏。

体内硒和维生素 E 缺乏时，正常生理性脂肪发生过度氧化，细胞组织的自由基受到损害，组织细胞发生退行性病变、坏死，并可钙化。病变可波及全身，但以骨骼肌、心肌受损最为严重，可引起运动障碍和急性心肌坏死。

【临床症状】 根据病程可分为急性、亚急性、慢性三种类型。

急性病例：常突然死亡，主要表现为兴奋不安，心动过速，呼吸困难。

亚急性病例：呼吸加快，脉搏增数，消化不良，共济失调，站立不稳，步态强拘，肌肉震颤，后期常卧地不起。

慢性病例：精神不振，食欲减少，被毛粗乱，生长发育停滞，心功能不全，运动缓慢，站立不稳或举步跌倒，喜卧地，角膜混浊，并发顽固性腹泻。

【病理变化】 剖检可见右心扩张，心包液增多，心肌变性、坏死，呈灰黄或灰白色斑点状或条纹状。全身骨骼肌变性、坏死，特别是臀部、腿部、肩及颈、胸背部皮下及肌间水肿，肌肉色淡、混浊，可见黄白或灰白色条纹。此外，可见肺瘀血、水肿，胃肠卡他性炎。

【预防】 对妊娠、哺乳母牛及犊牛要加强饲养管理，特别是冬春季更应注意供给蛋白质饲料和富硒的饲料如豆科的苜蓿干草等。对发生过白肌病或疑似白肌病的地区，冬天给怀孕母牛注射0.1%亚硒酸钠溶液10~20ml，也可配合饲喂维生素E。

长期预防可于饲料中添加硒，或饮水补硒。

【治疗】 对急性病例，常用0.1%亚硒酸钠，肌肉注射或皮下注射5~10ml，每隔15d注射一次；配合肌肉注射维生素E 300~500mg，每隔0.5~1月注射一次。

196.创伤如何治疗？

在外力作用下，机体体表组织连续性受到破坏的一种损伤称为创伤。根据受伤时间及有无感染，创伤分为新鲜创和感染创。两种创伤的处理方法略有差异。所有新鲜创伤都有伤口、出血、疼痛和机能障碍。感染的创伤则有化脓、溃烂、坏死现象，严重者会出现全身症状，体温升高，甚至发生脓毒败血症。

【治疗】

(1) 新鲜创

剪去创伤周围的被毛，用0.1%新洁尔灭液、0.1%高锰酸钾液或0.1%洗必太液冲洗及清洁创面。将肾上腺素滴于创面，使毛细血管收缩而止血。如有喷射状出血时，可用结扎止血，然后创面撒消炎粉、碘仿磺胺粉（1:9）或碘仿硼酸粉（1:1），用消毒纱布包扎即可。

创口较深的创伤必须缝合。创面整齐且外科处理较彻底的可以密闭缝合（不留空腔）；创口过宽有感染危险的部分缝合。创伤严重者，应加注抗菌素以防全身感染。

(2) 感染创

应先排出脓汁，清除坏死组织，然后用0.1%高锰酸钾液或3%双氧水清洗创围、创面，酒精棉球消毒后，撒上樟脑白糖粉（精致樟脑1.5份、白糖2份、大黄末0.5份，共研为极细粉末），用消毒纱布条包扎。

创伤较深者，可用雷伏诺尔或碘仿纱布条引流。若体温、食欲等出现异常，证明有全身感染，必须连续肌肉注射抗生素数天。

197.牛蜂窝织炎的症状是什么？如何治疗？

在皮下或肌肉间疏松结缔组织发生的急性化脓性弥漫性炎症称为蜂窝织炎。

【病因】 本病的病因为局部化脓性病灶直接漫延以及误将氯化钙、水合氯醛、"九一四"等刺激性很强的药物漏入疏松结缔组织内等。

【症状】 局部肿胀、增温、剧痛和机能障碍。化脓时，触诊有波动感，病区从上向下逐步扩大，有时破溃流出脓液。有全身感染时，可见体温升高、呼吸加快、食欲减退等症状。感染严重时出现败血症而死亡。

【治疗】 未化脓前用雄黄、大黄、白及、天花粉各32g，花椒、南星各16g外敷。同时用0.25%~0.5%普鲁卡因20~40ml、青霉素2×10^5~8×10^5IU，在肿胀部周围的健康组织内分点注射。

若发现化脓且有波动感时，可在脓腔最低处切开排脓，切口需有一定长度，并导入引流纱布。必要时可作反向切口，以便冲洗。患牛体温一旦升高，应进行全身抗菌治疗。

198.牛腐蹄病的症状是什么？如何预防和治疗？

牛蹄间皮肤和软组织具有腐败及恶臭特征的疾病称为腐蹄病。本病主要见于牛舍不洁、潮湿的牛只。奶牛发病率高。

【症状】 轻度腐蹄病时，仅见患牛步态僵硬，负重不均，摇动患部，严重时出现跛行，蹄的角质部腐烂，个别流出褐色恶臭分泌物。冠关节、系关节出现炎性肿胀。站在牛旁即可闻到一种特殊恶臭。若病变进一步发展，可引起化脓性腱鞘炎及关节炎，表现体温升高、精神委顿、食欲不振等全身症状。

【预防】 注意牛场平整和消毒，防止趾间皮肤损伤。平时加强饲养管理，饲料营养要全面，特别是钙与磷的比例要平衡（1.4~1.8∶1）；经常保持蹄壳坚硬干燥，雨后地面泥泞时不放牧。及时清除粪尿和积水，除去运动场上的石子、铁器等坚硬物，蹄有外伤时应及时消毒，经常清除蹄叉内的泥、草、粪便，每年整修牛蹄1~2次。

【治疗】

(1) 及早合理使用磺胺类或抗生素药能收到良好效果（泌乳期注意药物选用）。

(2) 修蹄、切除坏死组织后，在病区涂10%硫酸铜液，每日1~2次，连续5~7d。

(3) 用3%过氧化氢液、1%高锰酸钾液或1%木焦油醇液冲洗患部，再撒上碘仿磺胺粉等消炎粉，用纱布和塑料布包扎，5~7d处理一次，可治愈牛腐蹄病。

(4) 经常注意修蹄，避免牛床过湿。用生石灰水或5%~10%硫酸铜液消毒牛床，亦可取得较好的预防效果。

199.如何进行牛瘤胃切开术？

牛瘤胃切开术用于牛瘤胃严重积食且用药无效者，或为取出误食的钉子、布块、塑料等异物。

【术前准备】 本手术多采用站立保定。保定前，对性情暴烈的牛肌肉注射氯丙嗪、静松灵等麻醉药物，在左肷部大面积剃毛、消毒并盖好创布。

【手术方法】 在最后肋骨与髋结节连线中点距腰椎横突6~8cm处，从上向下作一垂直切口，切口长20~30cm。分层切开皮肤和腹壁肌肉（切开腹肌时，注意避开大血管和神经，对不能避开的血管应先结扎再行切开），小心切开腹膜，将瘤胃壁向外牵引，并将其浆膜肌层缝合在切口皮肤上。用消毒纱布填塞在切口与胃壁之间，然后在瘤胃壁切线的上端切一小口，放出气体。随即使切口扩大到25cm左右，翻转胃壁，并在胃壁与皮肤间填塞消毒纱布，用缝线把胃壁固定在皮肤上，取出约50%的胃内容物，或胃内异物。解除胃壁与皮肤固定线，连续缝合瘤胃切口，生理盐水清洗胃壁后，进行胃壁切口内翻缝合，再解除胃壁与切口皮肤固定线，将瘤胃放入腹腔，腹腔内投放青霉素$4×10^6$IU，链霉素$2×10^6$IU。分别连续缝合腹膜、腹壁肌肉。皮肤分别作减张和结节缝合。

术后10~20d拆线。

【术后护理】 注意卫生，防止感染。

200.牛瘤胃酸中毒的症状是什么？如何治疗？

牛采食过多富含碳水化合物的饲料，如玉米、小麦、水稻、糟粕等，引起腹泻、脱水、血中乳酸浓度升高的一种疾病称为瘤胃酸中毒，又称乳酸中毒，以奶牛发病率较高。其特征为消化障碍、瘤胃运动停滞、脱水、酸血症、运动失调、瘫痪、衰弱、休克，常导致死亡。

【症状】 患牛精神沉郁,站少卧多,反刍减少,食欲降低或废绝,瘤胃蠕动音减弱或停止,体温升高,脉搏增数,呼吸加快,有时出现腹泻,眼球下陷,尿液减少,触诊瘤胃膨胀。

【治疗】 治疗原则:尽快清除瘤胃内容物,制止继续产酸,纠正脱水和酸中毒,提高肝脏解毒能力,恢复胃肠机能。

(1) 洗胃

多用1%氯化钠或1∶5石灰水上清液或碳酸氢钠,直至胃液呈碱性。

(2) 纠正脱水和酸中毒

用复方氯化钠或5%糖盐水,循环衰竭时可加低分子右旋糖酐,总量为每日6 000~8 000ml,分2~3次静脉注射,每次均加入20%碳酸氢钠10~20ml和5%维生素C10~20ml;用5%碳酸氢钠1 000~1 500ml静脉注射来纠正酸中毒,每日1~2次。

(3) 对症疗法

①心衰时强心。

②明显神经症状时降脑压,使用甘露醇,过度兴奋时配合使用镇静剂如2.5%的氯丙嗪10~20ml。

③防止感染应用抗生素。

④出现蹄叶炎时,静脉注射盐酸苯海拉明或5%氯化钙100ml。

⑤促进乳酸代谢用维生素B_1。

⑥促进瘤胃蠕动参照前胃弛缓。

⑦促进消化功能的恢复,可用健牛胃液接种。

201.牛有机磷中毒的症状是什么?如何治疗?

有机磷中毒是由于牛吸入、食入或经皮肤接触有机磷制剂引起的中毒病。常见的有机磷制剂主要有剧毒类的1605(对硫磷)、3911(甲拌磷)、1059(内吸磷),强毒类的甲基1605(甲基对硫磷)、乐果、敌敌畏,低毒类的敌百虫、马拉硫磷(4049)、已硫磷(1240)等。

【症状】 有机磷中毒在临床上可以分为三类症候群。

(1) 毒蕈碱样症状

表现为食欲不振、流涎、呕吐、腹泻、腹痛、多汗、尿失禁、瞳孔缩小、可视黏膜苍白、呼吸困难、肺水肿以及发绀等。

(2) 烟碱样症状

表现为肌纤维性震颤、血压升高、脉搏频数、麻痹。

(3) 中枢神经系统症状

表现为兴奋不安、体温升高、抽搐、昏睡等，在麻痹下窒息死亡。未经及时治疗者可于24h内死亡。

【病理变化】 胃肠黏膜大片出血、充血、肿胀，肝、脾、肾肿大，肺充血水肿，心肌出血。

【治疗】 经皮肤接触引起的中毒可用清水洗净，以防止中毒加深。另外可皮下注射阿托品6～20ml，注射后如症状仍未缓解，隔2～4h重复注射，并稍加大剂量。将20mg/kg解磷定溶于5%葡萄糖生理盐水静脉注射，2～3h重复一次。实践证明，阿托品和解磷定合用效果更好。

双复磷为目前优良的有机磷中毒解救药，每千克体重皮下或肌肉注射40～60mg，可取得较好治疗效果。

(1) 解磷定8～20g、0.9%氯化钠注射液500ml，临用前配成4%溶液，按每千克体重20～50mg一次静脉注射，每2h一次。也可用氯解磷定、双解磷。

(2) 硫酸阿托品注射液10～50mg，一次皮下注射，可重复用至阿托品化（出汗、瞳孔散大，流涎停止）。

(3) 口服活性炭100～200g，用于口服中毒，可配合应用泻剂。

202.牛产后瘫痪的症状是什么？如何预防与治疗？

产后瘫痪是母畜分娩后突然发生的急性钙代谢障碍性疾病，多发生于高产奶牛，以知觉丧失、四肢瘫痪为特征。

【症状】 大多发病在产后12～48h，极少数在产后几周发病。初期病牛有短暂的不安，继而精神不振，不愿走动，呆立，知觉丧失，出现昏睡。后身摇晃，肌肉震颤，站立时两后肢频繁交替换蹄。突然出现典型瘫痪状态，呈伏卧姿势，四肢屈在身体下面，头颈向后弯，直到胸部。开始瘫痪时出现短暂兴奋不安，卧地后再起，站立时后肢发软，继之摔倒不起，静卧不动，口流清涎，腹部膨胀，粪便干而少。初期食欲减少，继而反刍停止，奶量下降或停止，严重者瞳孔放大。皮肤、耳朵，角根和四肢的末梢发凉，体温降低为产后瘫痪的特有主要症状之一，有的病牛可降到36℃或35℃。呼吸深而慢，带有啰音。

【预防】 分娩前1个月的干奶期，饲喂低钙高磷日粮，钙磷比例由

2∶1调整为1.5∶1，可刺激甲状旁腺激素分泌，促进肾脏1，25-二羟钙化醇的合成，从而提高分娩时肠钙和骨钙动用能力，防止血钙急剧下降。另外，分娩前1周每天肌肉注射维生素D，每50kg体重注射1×10^6IU，可减少产后瘫痪的发病率，并于分娩后及时静脉注射25%硼酸葡萄糖酸钙300～500ml，对预防本病有一定作用。

干奶牛和泌乳牛分开饲养，增加怀孕牛的运动量，合理配制精粗饲料以及矿物质比例，尤其增加青绿饲料以补充维生素，分娩前2周开始减少蛋白质饲料。母牛分娩完休息20～50min后，给予大量的温麸皮盐水，在产犊后3d内饲喂优质干草和少量麸皮（约0.5kg）。

奶牛产犊后，乳腺分泌活动迅速增强，但由于奶牛产后体质虚弱，此时应以恢复奶牛体质为主，故在最初几天挤奶时，不要将乳汁全部挤净，应使其留有部分乳汁。如果产犊后1～4d就将乳汁全部挤出，血钙含量会迅速下降，易引发奶牛产后瘫痪，即使治疗及时，产奶量也会受很大影响，如不及时治疗或病势严重，则会导致母牛死亡。一般在产后30～60min即可挤奶。第1d，每次只挤出2kg左右、够喂犊牛即可，第2d，大约挤日产奶量的1/3，第3d挤1/2，第4d挤3/4，第5d可将乳房中的乳汁全部挤净，这样既有利于奶牛尽早恢复体质，又可防止奶牛产后瘫痪。

另外，奶牛分娩过程中要注意生殖道周围的卫生。助产过程中要小心用力，防止子宫内膜或阴道损伤，减少细菌感染的机会，可防止产后瘫痪。

【治疗】 根据病情选用以下疗法：

(1) 采用乳房送风疗法

用专用的乳房送风器向乳房内打入空气，是一种治疗牛产后瘫痪最有效和最简便的方法。乳房送风后，内部压力随即升高，血管受到压迫，流向乳房的血液减少，停止泌乳，因此全身的血压升高，血钙的含量增高。还可刺激乳腺的神经末梢，传至大脑，可提高其兴奋性，消除抑制状态。

(2) 用20%的葡萄糖酸钙300～500ml进行静脉注射。12h后可再注射一次，最多不超过3次。

(3) 用10%的氯化钙进行静脉注射，剂量为每次100～250ml。药液要加温，注射要慢。

(4) 病情十分严重的病牛，可注射安钠咖、樟脑水溶液或者肾上腺素等强心剂。

(5) 把健康母牛的新鲜牛奶注入病牛乳房内，前面两个奶叶注入量要少于250ml，后面两个奶叶注入300ml以内的健康新鲜牛奶。采用此法后，一般1～3h即可康复。

(6) 中药疗法

用川芎48g、丹参40g、当归60g、没药62g、赤芍48g、元胡60g、灵脂47g、红花35g、奶香49g，共研为细末，开水冲调，一次灌服。

203.引起母牛难产的原因有哪些？发生难产时怎样进行产道和胎儿检查？

在分娩过程中，由于产力、产道及胎儿异常，胎儿不能顺利产出时，称为难产。由于难产有多种原因，因此症状也不尽相同：有胎儿过大，头颈、前后肢姿势异常等引起的难产，也有因为母牛生理异常引起的难产，如阵缩、努责微弱造成分娩时间延长或排不出胎儿，或阵缩和努责过强，间歇短，或是阴道和阴门狭窄等。要确定难产原因和采取相应的方法助产，都必须进行产道和胎儿检查。

(1) 产道检查

先清洗和消毒母牛的外阴及检查者的手臂，再把手伸进产道。通过产道检查，可以查出产道和骨盆是否狭窄，子宫颈是否完全张开，产道是否干燥、有无水肿和损伤等情况。

(2) 胎儿检查

把手伸进子宫内检查，如果触摸到胎儿的头部位于两个前肢的中间，说明是正生，如果胎儿的臀部或者后肢先入产道，则是倒生。正生时，头及两前肢伸直进入产道。倒生时，两后肢挺直进入产道。如果进入产道的头颈或四肢弯曲就是异常胎势。胎儿的背部朝向母牛的背部，为正常胎向，如果胎儿背部朝向母牛的一侧或者下腹，就可能难产，胎儿的身体纵轴与母体的纵轴一致，为正常胎位，其他则为难产的胎位。

活胎和死胎的助产方法不同，因此胎儿检查十分重要。如果为正生，可用手指伸向胎儿口中，如感到胎儿口腔和舌间有动作，说明胎儿活着，如无动作，同时母牛生产时间过长，可判定胎儿为死胎。如果为倒生，可把手指伸进胎儿的肛门内，如肛门有收缩反应，或者手摸脐部，脐动脉跳动，可判定为活胎，否则为死胎，轻拉前肢或后肢，如有反应，也可判定为活胎，触摸心区，有无心脏跳动，也可判定活死胎。

204.什么情况下对分娩母牛进行人工助产？如何进行？

(1) 胎儿过大

首先向产道内灌入大量液状石蜡，若无液状石蜡，灌植物油也可，然后强行把胎儿拉出。如果仍然产不出，要及时改用剖腹取胎或者把胎儿肢解取出，以保住母牛。

(2) 头颈姿势异常

如果两前肢已入产道，头颈却弯在身体的一侧未入产道时，可用一只手推胎儿的肩胛部，另一只手拉胎儿的下颌来矫正胎位。异位明显者，应用手推住胎儿的肩胛部，再用绳或钩拉住胎儿的下颌或眼眶，使头颈姿势矫正。如果仍不能矫正，则要先截去一个前肢，通过矫正后再把胎儿拉出。如仍不能使胎儿产出，则要实施剖宫产。

(3) 四肢姿势异常

如果前、后肢弯曲，使胎儿阻塞在产道内不能产出，可以先把胎儿往子宫里面推一下，使产道内有一定空间，再矫正异常姿势。如果还牵引不出胎儿，则要用线锯或者胎儿绞断器截断弯曲的关节，再把胎儿拉出。

(4) 胎位、胎向异常

一般采取推、拉、转、抬等方法，使胎儿身体的纵轴与母体的纵轴一致，并使胎儿的背面向母牛的背，最好让胎儿转成倒生。如果矫正无效，要及时实施剖宫产或截胎。

(5) 阵缩及努责微弱

如果子宫颈完全张开，可按照助产的一般方法慢慢拉出胎儿。如果要促使母牛自行产出，可肌肉注射垂体后叶素或麦角注射液 8~10ml，使子宫收缩。但须注意，使用麦角注射液，只限于子宫颈口完全张开且胎势、胎向、胎位正常的情况，否则可能会引起子宫破裂。如上述方法助产仍无效或子宫颈口开张不全无法拉出胎儿，则应及时实施剖腹术。

(6) 阵缩及努责过强

牵着病牛遛 10min，可减弱阵缩和努责。也可以用手指掐病牛的背部皮肤，可收到短暂减弱阵缩和努责的效果。母牛卧地生产时，要注意垫高后身，也可使用镇静剂，如灌服白酒 1 000ml 左右。如到时仍产不出，应进行人工助产。

(7) 阴道及阴门狭窄

试着拉出胎儿，即先向阴门黏膜和阴道内灌涂植物油或者温肥皂水，再用消毒的产绳慢慢拉胎儿头及前肢。助产者要尽量用手扩张产道。若助产无效，则要切开产道狭窄处的黏膜，等到拉出胎儿后再立即缝合。如因阴门或阴道内有较大肿瘤妨碍胎儿产出，则必须切除肿瘤或者实施截胎术。

205.流产的原因是什么？如何治疗？

怀孕中断称为流产。一般可分为传染性流产和非传染性流产。由传染性疾病所引起的流产为传染性流产，因饲养管理及医疗、配种技术引起的流产，为非传染性流产。从排出胎儿时间来看，布氏杆菌及损伤等导致流产者，以怀孕后期发病较多，怀孕前期流产者，多见于生殖激素紊乱和隐性子宫内膜炎等。流产发生3次以上的称为习惯性流产。

【症状】 怀孕早期（40~120d）孕检确认配上，经一段时期后复检未孕者多为隐性流产和早期流产，此种流产以奶牛多见。产出不足月的活胎称为早产。产出死胎的称为小产，是流产中最常见的。胎儿死亡后，在子宫内软组织被分解，皮肤、肌肉变为恶臭液体流出体外，骨骼留在子宫内；胎儿死亡后未被细菌感染，胎儿水分被吸收，呈干尸样留在子宫内。

【治疗】 对已发生流产的母牛，为了恢复其正常的生殖功能，向子宫内投入抗生素（青、链霉素等）或0.1%高锰酸钾、0.1%新洁尔灭液。

如有隐性流产或早期流产史时，配种前应彻底清宫，孕后30d左右每次肌肉注射黄体酮，牛50~100mg，羊10~30mg。

在流产疾病的治疗中，确定保胎或促进胎儿排出是关键。一旦治疗错误，可能造成死胎滞留或终身不孕。如子宫颈黏液塞溶解，可见乳房突然增大、乳汁增加（奶牛）和胎儿死亡等，必须尽快使胎儿排出，可用雌激素或催产素。如无上述流产症状，均可保胎，可用黄体酮。

206.母牛阴道脱出的症状是什么？如何治疗？

【症状】 此病多发生在产前。阴道部分脱出时，可见阴道下壁突出于阴门外，病畜卧地时，脱出部分如鹅蛋或拳头大，站立后，脱出部分可逐渐缩回。脱出时间长久，阴道的黏膜就充血、水肿、干燥，甚至龟裂，并流出带血的液体。阴道脱出严重时，可引起脱出的阴道壁发炎、黏膜坏死，刺激母牛努责，使脱出的部分越来越大，最后阴道完全脱出。阴道全脱严

模块七　牛病防治

重者，膀胱也会通过尿道口向外翻出来。病畜神情不安、拱背、努责，时常作排尿的姿势。阴道脱出严重者，易造成流产或胎儿死亡。

【治疗】

(1) 保守疗法

阴道部分突出的治疗应加强营养，多运动，减少卧地，灌服加味补中益气汤（黄芪 50g、党参 30g、甘草 30g、陈皮 30g、白术 30g、当归 30g、升麻 30g、柴胡 30g、生姜 20g、熟地 50g，6 枚大枣为引，共为末，开水冲调），每日 1 剂，连用 3d。体温升高者去生姜、熟地，加二花 40g、黄芩 40g、连翘 30g；瘤胃臌气者，去党参，加莱菔子 60g、玉片 20g。

(2) 手术疗法

对于阴道完全脱出或不能自行缩回的部分脱出，要及早进行整复固定手术。为防止阴道再度脱出，整复后要固定。

①圆枕缝合法：在距离阴门 1~4cm 处进针，在离阴门皮肤与黏膜的交界处 0.5cm 以上的部位出针，一般缝 2~4 针。不要把阴门下角全部缝合起来，以免妨碍排尿。5d 左右，病牛不再有努责表现时再拆除缝线。

②袋口缝合法：从阴门的一侧下角距阴门裂 2~4cm 的地方进针，在粗缝线上套一节 2cm 长的胶管，隔 2~3cm 再进针。以同样的距离和方法围绕阴门缝合 1 周，再把缝线拉紧打结。松紧程度以能自由插入三个指头为宜。在第一次进针处打一活结，以便调节缝线的松紧。对快要临产的母牛要及时拆线。

③对于全脱的阴道：要先用 2% 的普鲁卡因对荐尾椎硬膜腔进行麻醉，再用消毒液冲洗脱出的阴道。除去污物和已经坏死的组织，缝合黏膜破口。如果水肿严重，可以用明矾液热敷，也可用细针针刺水肿部位后再热敷，边热敷边挤压，使肿胀明显缩小。然后手握成拳整复，并放入抗菌素或磺胺药物，最后在阴户上进行袋口缝合。

207.牛不孕症的原因是什么？如何治疗？

母牛长期或暂时不怀孕称为不孕症。

【病因】　饲养管理不当（如饲料品种过于单一，缺乏某些维生素和微量元素、无机盐，运动不足等）、卵巢机能减退、卵巢囊肿、子宫内膜炎、子宫内积液或积脓、产后子宫恢复不全、子宫内有死胎或肿瘤等，均可造成发情停止、长时间不发情、屡配不孕。

【症状】 主要病因有母牛生理失调和患慢性子宫内膜炎。曾分娩一次或数次,后经健康种公牛屡次交配或人工输精,却不受孕;交配或人工输精后,仍再次发情;发情不明显,甚至不发情;有的发情正常,但屡配不孕。口色正常,脉搏无变化,精神、食欲、反刍都无异常。

【治疗】 对经检测诊断确认为非先天性缺陷或后天疾病所致者,可采用下面药方进行治疗。

(1) 母牛生理失调引起不孕症

用川芎34g、熟地42g、当归45g、阳起石37g、茯苓38g、白芍37g、淫羊藿70g、益母草72g、香附37g、砂仁23g、丹皮38g、陈皮38g、元胡22g、白术37g、海狗肾3条,共研为末,开水冲调,在输精前几天一次灌服。若精神不振,行走后体无力,加杜仲37g、牛膝36g、桂圆21g;若口色苍白,脉跳细弱,肠鸣稀泻,加元桂26g、巴戟天52g、茱萸25g、白芷24g、艾叶80g、盐炒小茴香38g;若体质瘦弱,加黄芪37g、鹿角胶36g、党参37g、阿胶36g、五味子37g、枸杞38g。对久治无效的病母牛,应及早淘汰。

(2) 慢性子宫炎

①西药疗法:待患牛发情时用0.01%高锰酸钾液或0.02%新洁尔灭液、生理盐水等冲洗子宫,在充分排出冲洗液后,向子宫腔内灌注青霉素 $5\times 10^6 \sim 2\times 10^7 IU$。

②中药疗法:桃红四物汤加味(桃仁30g、红花30g、生地50g、芍药50g、当归50g、川芎35g、益母草150g、干草20g),水煎候温,加白酒300ml,一日2次灌服,连服2剂。

(3) 卵巢囊肿

分卵泡囊肿和黄体囊肿两种。

①卵泡囊肿:因过量喂可溶性蛋白饲料及饲料中长期缺硒引起。病后卵泡肿大、壁厚,不易排卵,只表现发情(最长一次达半年),故有慕雄狂之称。可肌肉注射黄体生成素200~400IU或绒毛膜素2 000IU,使卵泡变薄达到排卵。

②黄体囊肿:触摸卵巢光滑质硬,无波动不发育。另外,因黄体存在,所分泌孕酮抑制卵泡形成,所以该病表现长期不发情。可肌肉注射促卵泡素200~400IU或注射前列腺素3~5ml。

208.乳房炎的症状是什么？如何治疗？

乳腺组织发炎称乳房炎。引起本病发生的原因主要是牛舍不卫生、挤奶不规范及乳头损伤导致细菌感染等。最常见的病原是无奶链球菌、金黄色葡萄球菌和乳房炎链球菌。

【症状】 多数临床表现为乳区红、肿、热、痛，泌乳量减少，并可见絮状物或仅挤出淡黄色液体。个别牛奶中带血，静置血球下沉。少数牛乳房挤奶、过滤等均未见异常，只是将乳汁静置 30min 后乳汁上部可见淡黄色糊状物。一旦引起全身感染，则出现体温、呼吸、心跳异常及食欲减少等症状。

【治疗】

(1) 乳房内注入药液疗法

乳头消毒，挤净乳汁，或乳房冲洗后，将稀释的抗生素或磺胺类药物用乳导管注入乳房内，每日 1~3 次。

(2) 乳房基部封闭疗法

牛站立保定。当封闭后奶区时，于患侧乳房基部后方、距正中线 1~2cm，用脊髓穿刺针向同侧腕关节方向刺入全部针头，再将 0.25%~0.5% 普鲁卡因 50ml、青霉素 8×10^5IU 注入其中。

(3) 全身疗法

当引起全身感染，患畜有体温升高等一系列全身反应时采用此法。常用的治疗方法为静脉注射或肌肉注射抗生素及磺胺类药物。

(4) 减轻乳房内压力

应增加挤奶次数，排尽变质奶，防止病原菌繁殖。

(5) 中药疗法

①用车前子 40g、蒲公英 45g、地丁草 43g，煎水内服，每天 1 剂。也可用上述药物的鲜品捣烂敷在患部，每天敷 1 次。

②用荆芥 12g、地丁草 12g、甘草 13g、蒲公英 13g、艾叶 14g、防风 12g、花椒 12g、红花 13g，煎汁后洗患部，每天 1~2 次。

③用二花 130g、地丁草 140g、蒲公英 140g、连翘 65g，共研为细末，开水冲烫，黄酒 250ml 为引，一次灌服。

④用芙蓉花（或叶）73g、黄檗 38g、姜黄 36g、大黄 35g、白芷 36g、白矾 120g、青黛 36g、白及 35g、甘草 25g，共研为细末，用鸡蛋清或者陈

醋调和，涂抹在乳房患部，可消肿胀和硬块。

209.胎衣不下如何治疗？

母牛分娩后正常胎衣排出时间为 4~6h（最长 12h）。胎衣在一定时间内不能完全排出体外，称为胎衣不下。主要病因是怀孕后缺少运动，饲料中缺钙、维生素或其他矿物质，引起子宫收缩力减弱。此外子宫炎或布鲁氏菌病也可引起胎衣不下。

【症状】 多数于阴门外悬挂着部分胎衣，呈红色或暗红色，甚至污染腐败发出臭味，个别停留在子宫或阴道内。病畜食欲减少，体温、呼吸等一般无异常。

【治疗】

（1）药物治疗

肌肉注射催产素 50~100IU 或己烯雌酚注射液 50~200mg。

（2）手术剥离

宜在分娩后 10~36h 内进行。剥离前用温水灌肠排出积粪，再用 0.1%高锰酸钾液彻底清洗外阴及其周围。剥离时，术者左手握住外露的部分胎衣，右手伸入子宫与胎衣之间，由近到远、由紧张部到松弛部逐个剥离。

具体的剥离方法：用中指和无名指夹住子叶基部，用拇指或食指从根部剥离，当已剥掉一半以上时，拇指按住子叶顶端，另外四指同时抓住其余部分，将未剥离的胎膜扯下即可。剥离完毕后，再次用 0.1%高锰酸钾液反复冲洗子宫 3~4 次，每次用量 1 000ml 左右，冲洗的药液必须导出。最后向子宫内投入土霉素 3g 或金霉素胶囊即可。

210.新生幼畜窒息如何治疗？

仔畜产出后，即呈现呼吸障碍或暂时停止，但心脏仍保持有微弱的跳动，称为新生幼畜窒息，又称假死。本病多见于犊牛。

【症状】

（1）轻症

仔畜软弱无力，黏膜发绀，呼吸微弱而急促，节律不匀，张口呼吸，脉跳快而弱，舌垂于口外，若吸入羊水，口鼻内充满羊水和黏液，肺部听诊，有湿啰音。

(2) 重症

呈仔畜死亡状态，全身松软，反射消失，黏膜苍白，呼吸停止，听诊有很微弱的心跳，手触摸不到脉跳。

【治疗】

(1) 首先把犊牛的后部抬高，前部放低，迅速用纱布擦净口内、鼻内的羊水和黏液。把接有橡皮球或者注射器的橡皮管插入鼻孔或气管中，吸净其中的羊水和黏液。来回拉动两个前肢，交替扩张压迫胸腔。把后肢提起，抖动并轻拍背腹部，刺激呼吸，并排出呼吸道内的黏液。

(2) 用25%尼可刹米溶液1.5ml或者樟脑磺酸钠进行肌肉注射，刺激呼吸中枢。

(3) 用5%碳酸氢钠50～100ml进行静脉注射，防止酸中毒。

211.犊牛拉稀如何治疗？

【症状】 病犊精神不振。拉稀粪，或者泄如水，肠内咕噜响，有时腹痛，起卧不安。食欲和反刍减少甚至废绝，口青黄，尾根脉跳沉迟。

【治疗】

(1) 拉稀严重，静脉注射葡萄糖生理盐水500ml、复方氯化钠液300～500ml、5%碳酸氢钠液200～300ml、10%安钠咖液5.0ml，轻症1次，重者2～3次。

(2) 酸中毒时，对症治疗。

(3) 用火针刺后海、脾俞穴。

(4) 用陈皮8g、砂仁5g、五味8g、白术8g、泽泻8g、肉蔻2.5g、茯苓8g、肉桂4g、诃子2.5g、元胡8g、炙甘草5g、干姜5g，共研为末，开水冲调，一次灌服。

(5) 用香附62g、白术64g、党参67g、干姜46g、红花19g、炒桃仁18g、甘草25g，共研为末，用鲜姜36g为引，开水冲调，一次灌服。

参考文献

[1] 张申贵. 牛的生产与经营：第2版. 北京：中国农业出版社，2010.

[2] 乌力吉. 牛羊病防治：第2版. 北京：中国农业出版社，2010.

[3] 孙连珠. 畜禽标准化养殖小区建设与管理. 太原：山西经济出版社，2010.

[4] 李明. 牛羊生产：第1版. 北京：中国农业出版社，2009.

[5] 国家畜禽遗传资源委员会. 中国畜禽遗传资源志·牛志. 北京：中国农业出版社，2011.

图书在版编目（CIP）数据

养牛与牛病防治/杨德成编著. —太原：山西科学技术出版社，2018.7（2019.8 重印）

ISBN 978-7-5377-5739-3

Ⅰ.①养… Ⅱ.①杨… Ⅲ.①养牛学②牛病—防治 Ⅳ.①S823②S858.23

中国版本图书馆 CIP 数据核字（2018）第 096489 号

养牛与牛病防治

出 版 人：	赵建伟
编　 著：	杨德成
责 任 编 辑：	郭丽丽
封 面 设 计：	吕雁军

出 版 发 行：山西出版传媒集团·山西科学技术出版社
　　　　　　地　址：太原市建设南路21号　邮编：030012
编辑部电话：0351-4922134　0351-4922061
发 行 电 话：0351-4922121
经　　　销：各地新华书店
印　　　刷：山西康全印刷有限公司
网　　　址：www.sxkxjscbs.com
微　　　信：sxkjcbs

开　　本：	787mm×1092mm　1/16　印张：13.5
字　　数：	221 千字
版　　次：	2018 年 7 月第 1 版　2019 年 8 月山西第 2 次印刷
书　　号：	ISBN 978-7-5377-5739-3
定　　价：	32.00 元

本社常年法律顾问：王葆柯
如发现印、装质量问题，影响阅读，请与印刷厂联系调换。